干支の活学【新装版】

人間学講話

安岡正篤

プレジデント社

干支の活学

安岡正篤——人間学講話

本来の干支は占いではなく、易の俗語でもない。それは、生命あるいはエネルギーの発生・成長・収蔵の循環過程を分類・約説した経験哲学ともいうべきものである。

即ち「干」の方は、もっぱら生命・エネルギーの内外対応の原理、つまりchallengeに対するresponseの原理を十種類に分類したものであり、「支」の方は、生命・細胞の分裂から次第に生体を組織・構成して成長し、やがて老衰して、ご破算になって、また元の細胞・核に還る——これを十二の範疇に分けたものである。

干支は、この干と支を組み合わせてできる六十の範疇に従って、時局の意義ならびに、これに対処する自覚や覚悟というものを、幾千年の歴史と体験に徴《ちょう》して帰納的に解明・啓示したものである。

目次

干支の活学

〔本書の構成〕

本書は、安岡正篤先生の講録『干支新話』（関西師友協会発行）を基にし、その上に干支に関する著者自身の著作ならびに他の講録を付け加えたものである。中心となる『干支新話』中の講話は、関西師友協会主催の先哲講座で昭和三十八年から同四十九年末まで講ぜられた。なお丙辰《へいしん》（昭和五十一年）以降の部分は、すべて新たに付加したものである。

著者自身の執筆になるものは、主として全国師友協会の会誌「師と友」の巻頭言その他に掲載されたものであり、それを現代かなづかいに変えて再録した。その場合、節の末尾に（「師と友」昭和38年2月）というふうに出所を付して講録と区別した。これらは、同じ干支についての講録部分と内容的に重複する部分があるが、敢えてそのままとした。

新たに付加した講録の大部分は、「師と友」と、関西師友協会の会誌「関西師友」に掲載されたもの、および素心会（二七二頁の「干支と安岡先生」参照）での講演記録である。いずれも、内容的に重複する場合は、その部分を除き、部分的な再録にとどめた。

『干支新話』および付加講録のうち、時局的な事柄に関する記述も一部再録にとどめた。

冒頭の「干支の意義」（総論）は、『干支新話』中の「庚戌《こうじゅつ》」「癸卯《きぼう》」「丙午《へいご》」、『活学』第三篇中の「切問近思」、素心会講録「丙辰新話」（昭和五十一年）等、さらに著者の『易學入門』より抽出して構成した。

著者の解説は、癸卯から庚申まで十八年にわたっており、このため十干十二支それぞれの字義が重複しているが、全体の流れと、時代に即した補足説明であることを考慮し、敢えて割愛しなかった。

干支の意義

幾歳になっても非を知ることが大事

新春を迎えましてまことに大慶でございます。よく私など年が明けますと、会う人々から「いつ見てもお若いですね」と言って褒められるのですけれども、しかしこれはどうも感服できません。作者を忘れましたが、

いつ見てもさてお若いと口々に
　褒めそやさるる歳ぞ悔《く》やしき

という狂歌がありますように、いつ見てもお若いということは即ち歳をとったということで、歳をとるということは決して悪いどころか、いいことですけれども、さて、お若いですねと褒められると、やはり「ああ、歳をとったのだなあ」という感慨をもよおして気になる。しかし時世は大変でございます。そこで例年のように、まず今年の干支（えと）

から始めて、いささか本年の観想といったことをお話し申し上げたいと存じます。

干支というものは——今さら申し上げるまでもありませんが——干は幹、支は枝、生命の発生から順次変遷して、その終末・含蓄に至るまでの過程を、干は十段階、支は十二段階に解説して、これを組み合わせて六十の範疇にしたものであります。だから六十番目に元に還ってくる。年にとれば六十年目に還る。いわゆる還暦であります。月にとれば六十カ月、即ち五年目、日にとれば六十日目に還ってくるわけです。

私どもの生活はとかくマンネリズムに陥りやすい、即ち因習に堕しやすい。肉体的にも、精神的にも、機能が麻痺してくる。そこで師友信条集の中の「年頭五警」にもありますように、意気ばかりでなく、あらゆる点において常に新たにする、維新・一新することが必要であります。その意味から言って、日だと六十日目くらいに反省することは確かによいことである。いわんや月だと六十カ月、五年も間があるのですから、自然その間に停滞・沈滞・頽廃が起こる。さらにいわんや六十年も経《た》てば、いかに身心共に強健な人でも、相当の沈滞・疲労は免れない。大いに維新する必要があります。

その点、孔子もたいそう敬意を表しておられるが、衛《えい》の賢大夫蘧伯玉《きよはくぎよく》という人はまことに偉い人であります。「淮南子《えなんじ》」の中には蘧伯玉のことを褒めて、「行年五十にして四十九年の非を知る」と言うておる。これは「知非」といって、名高い学問上の故事になっておりますが、しかしこれではまだ半分。「淮南子」にはさらに続けて、「六十にして六十化す」と書いてある。ここまでゆかぬと全《まつた》きものとはいえません。

　というのは人間というものは、肉体より以上に精神が沈滞・老衰しやすくて、「五十にして命《めい》を知る」と言うごとく、年の五十にもなると、だいたいは消極的に命を知ってあきらめるものなのです。若い時はいろいろ理想も持ち、野心も持っておるが、五十になるとほぼ結論が出て、「まあ、俺もこの辺だ」ということを知るようになる。そこでこの頃からぼつぼつ倅に望みをかけるというようなことになるわけです。ところが蘧伯玉は、多くの人間が取り返しのつかぬ結論に到達した年に、四十九年の非を知って、今までの一生は間違っておったと悟って、また新たなる意気をもって踏み出すというのです。私も五十になった時に、年頭この句を思い出して感心したのでありますが、なるほどこれは容易なことではできないことであります。いわんや「六十化す」、六十になっても、なおかつ六十になっただけの変化をするということは、ますますできることではない。ぼつぼつ足もよたついてくる、頭も呆《ぼ》けてくる。したがって「六十にして六十化す」ということは、言い換えれば無限に進化してやまないということにほかならないのであります。

　よくえびをめでたいことに使います。これは俗説によると、えびの曲がっておるところから、夫婦偕老で共に老いて、腰が曲がるまでめでたく暮らす、という意味から使うという。しかし腰が曲がったのではあまりめでたいとは言えない、という疑問をかねてから持っておった。ところが生物学者の説を聞いて、初めてなるほどとわかった。つまりご承知のようにえびは殻を脱ぐわけですが、万物みな固まる秋になっても、えびだけは固まらないで殻を脱ぐというのです。えびが殻を脱がなくなったらその時は死ぬのである。だから生ける限り殻を脱いで、常に新鮮である。それならなるほどめでたいということがわかる。要するに六十にして六十化するということは、えびの如く常に生命的であり、新鮮であり、進化してやまぬということであります。だから「七十にして七十化す」となれば、なおめでたい。「百にして百化する」ことができれば、こんなめでたいことはないのであります。

享保の頃に大阪で大いなる教化の成績を挙げた偉い教育学者に、一井鳳梧《いちのいほうご》という人がおった。この先生は百十六歳で十六歳の娘を妻にもらった。そうして結婚式に記念の盃を配らせ、それに自作の句を書いた。

百除《の》けて　相生年《あいおいどし》の　片白髪

自分の年から百を除けば妻と同じ十六歳になる。だが頭の方は、一方はみずみずしい黒髪だが、此方は残念ながら百十六歳であるから片白髪である。この一井先生などは正に百十六歳にして百十六化した人でありますが、しかしこれはちょっと凡人には真似ができません。

いずれにしても、人間は幾歳になっても「化して行く」ことが大事であります。とは言ってもただ化することはできない。やはりそれだけのきっかけが必要であるし、かつまた化するだけの意味・信念・哲学を持たなければならない。干支はそのきっかけをつくる上にまことに意義深いものがある。ところが今日その干支が、学問的になんの意味もない、民間の俗説くらいにされてしまって、ほとんど本当の意味が解明されておりません。私の寡聞というか、浅学もありましょうが、ようやく一、二年前に諸橋轍次老先生が『十二支物語』という本を書き、また南方熊楠《みなかたくまぐす》先生がその独特の博覧渉猟を記してあるくらいのもので、あまり思想的著作がない。それで私も近年は、年頭請われると干支の話をいささかすることにしておるのであります。

干支の由来

毎年、年の暮になると「来年の干支について、本当の意味があったら教えてくれ」と言われることが多く、よくお話しするのですが、どうもうろ覚えの人が多くて、もの足りぬ思いがするのであります。

第一にはなはだ迷惑に思いますことは、私（安岡）に占ってもらったというふうに申される方が多いということであります。これはとんでもない間違いで、干支というものは決して占いではない。したがって易の俗語でもないのであります。よく干支というと、じきに算木筮竹を想像するのでありますが、それはまた別であります。
元来、干支は暦の学問、暦学の活用的一分野であり、歴史的、経験的、実証的な意義が深いものです。ただこの干支を易占が用いて普及したために、わけわからずに易占と混同するのであります。

近代西洋の暦学・天文学でも大いに干支を重要視しておりますが、東洋ではそういう専門的な知識・技術の問題と同時に、深い哲学さえもっておるのであります。

干支は周代に始まり、戦国から漢代にかけて整ったものであります。

もともと殷の時代人は狩猟民族で、家畜を養い牧草を追って転々としておりました。のちに漢民族が黄河の流域に定着して農耕生活をするようになって初めて規則的に生産生活に入ったわけです。そこでその支配者、指導者、為政者、政府が次第に計画的になり、年頭正月一日（正朔）に、在来の実績に徴《ちょう》して一年の生産計画とそれに伴ういろいろの注意を予告するに至ったものであります。

即ち人間の世の出来事、変化、推移というものを干支六十の範疇に分けて、経験的に帰納して結論をだしたものであります。これは人の世の長い年月にわたる体験と思索を次第に会得した結論でありますから、単なる抽象的理論などと違って意味の深い厳粛なものがある。つまり経験哲学というべきもので、俗に言えば、ばかにならぬものです。ところが現代は、干支などというと、浅薄な近代学問をやった者は古くさい迷信的・非科学的なもののように考えたり、そうでなければ吉日だの凶日だのといったたわいもないことばかり偏解して、干支本来の意味がだんだんわからなくなってしまっておる。これは国民・大衆にとって実に惜しいことであります。

干支の干というのは「幹」であり、したがって根であり、支は「枝」であり、それから引いて枝葉花実であります。「干支」で一本の草木、生命体になるわけです。そこで言うまでもなく、干の方が大事でありまして、干があって初めて支があるわけです。ところが干はやや難しい。支の方は誰にでもわかるし、民衆性がある。したがって干支の支の方はたいへん民衆に普及いたしました。普及すればするほど、とんでもなく通俗化したことも当然です。けれども本来の事実はそうではなく、ちゃんと道理のあるものです。特に干と支を組み合わせると、甲子《かっし》（きのえ・ね）から癸亥《きがい》（みずのと・い）までの六十型範があるわけで、これは人間の存在や活動のよい考察材料であります。

もともと、干支は生命あるいはエネルギーの成長、発展、収縮する変化の過程を分類・約説したものであります。

即ち「干」の方は、もっぱら生命・エネルギーの内外の交渉、難しく言うと、challenge に対する response の原理、内外対応の原理を十種類に分類したものであり、「支」の方は、生命・細胞の分裂から次第に生体を組織・構成して成長し、やがて老衰して、それが一応ご破算になって、また元の細胞・核に還る。亥は核という文字で、それを十二の範疇に分けたものであります。

干の方は、第一に甲《きのえ》でありますが、これは殻を被っておる草木の芽が春に遇《お》うて、その殻を破って頭を出すという象《かたち》であります。しかし芽は出したけれども、まだ外の寒気、即ち外界の抵抗のために、真っ直ぐに伸びないで、曲折しておるというのが乙《きのと》であります。こういうふうに干は、潜在エネルギーの発展段階における内外対応の状況を分類したものであります。

それに対する支の方は、例えば「子」というのは、茲という文字の下に子をつけた孳《じ》と同じで、ふえる、即ち細胞が分裂・発達する能動性を表す文字であり、それがいろいろに組み合わさってさまざまの組織・器官をつくってゆく、これが「丑」、実は糸へんの紐でありあります。それがぐんぐん発達するのが「寅」。寅は演《えん》・縯と同じ意味です。こうしてだんだん発達していって、また元の細胞・核に還る、つまり「亥」になるわけであります。

だいたい俗間では、干の方はあまり問題にしないで、もっぱら支の方を取り上げておるようであります。即ち鼠とか虎とかいうようなことをやかましく言うのでありますが、元来こういう動物は干支本来の意味とは何の関係もない。実は干支が普及するにつれて、民衆教育の利便のために、いつとなくできあがったものであります。

古代人が生活環境をみて、生命の盛んな発展力を誰にも最もよく知らせるものは何かと言えば、各々の家に住んでいる鼠でありましょう。そこで「子」を鼠とした。そしてその細胞が組み合わさっていろいろの器官ができてゆくのでありますが、その組み合わせるということで、古代人、主として農耕時代の人間たちの目に留まったものは何かと言うと、おそらく牛でありましょう。牛に車をつけたり、鍬《すき》を結びつけたりして耕作をする。そこで「丑」を牛とした。その生命力が発展して勢いが盛んになると、当時の人間が見て、最も威勢のよいのはやはり虎でありましょう。そこで「寅」に虎を当てた。最後の「亥」というのは核で、これは恐るべき力を内含している。もうすでに潜在エネルギーの恐るべき力を知っておったと思われます。そこで突如として何事もない山野から飛び出してくる猪をこれに当てたわけです。

干支と陰陽五行説

干は幹、支は枝で本末関係にあり、兄弟《えと》といわれます。もと干によって日を、支によって月を測ったもののようです。干支をそれぞれ陰陽に分かち、十干・十二支を定めました。十干は殷墟で発掘された甲骨にも記されているから、ずいぶん古くから行なわれたものであるが、いわゆる五行思想と結びついたのは、やはり戦国時代になってからであります。

五行とは、木、火、土、金、水、の五つであり、行は「行動」の意であります。人生、自然の営む活発な作用、行動、力、これが五行であります。

特に中国人は、抽象的理論よりも具体的な事実、存在を重んじて、これを観察するので、その活動性、いわゆるダイナミズムを実在する木、火、土、金、水、というものを通じて、これらを象徴として、そこに営まれる天地の創造、変化の作用を分類したものであります。木そのもの、火そのもの、土そのものを宇宙、人生の根本問題として組み立てていくという唯物的な意味ではありません。

東洋のシンボリズムというものは非常に発達しておりまして、これがわかりませんと、古代東洋学はわかりません。それはともかく、十干に五行説が結びついて、木、火、土、金、水が兄《え》と弟《と》に分かれて配されております。即ち、甲は木の兄《え》（きのえ）、乙は木の弟《と》（きのと）、丙は火の兄、丁は火の弟、戊は土の兄、己は土の弟、庚は金の兄、辛は金の弟、壬は水の兄、癸は水の弟、となっております。

干支の機能

この干支を年・月・日・時に用いたことは天文暦学上、合理的であり、偉大な効果のあったことです。特に古い年代をたどるのにすこぶる便利で、東洋の年代が外国に比して確実なのはこのためだとせられております。たとえば、春秋の「桓公三年七月壬辰朔、日有食之」。壬辰とあるので、容易に逆算して、西暦前七〇九年七月十七日（ユリウス暦）の日食であることが判明します。したがって桓公の年代も定まり同時に春秋そのものの歴史的に確実なこともわかります（平山清著『暦の話』による）。

干支が八卦に応用されて方位の表記に用いられていることは、ご存じのとおりです。

十干に十二支を組み合わせるから、甲子より乙丑・丙寅と一巡して癸亥に終ります。ちょうど六十です。そこでまた甲子に還る。これを還暦といい、自分の生まれ年の干支が再び還るというので、「本卦還り」といって祝うのが今に続いているわけです。

この干支の本義は、古代研究に便利な漢の「釋名《せきめい》」や、「史記」の暦書によっても、実は生命消長の循環過程を分説したものであって、本来は、木だの、火だの、鼠だの、牛だのと直接関係のあることではありません。

再説すると、干も支も生命の発生・成長・収蔵の過程、あるいはエネルギーの変化の過程を時代に当てはめて解説したもので、もともとは時の機運というものを主としたものです。したがって、干支は私生活の細々しいことに適用すべきではない。やはり時勢の変化というものに適用するのが一番正しいのであります。そしてまた、具体的に歴史上の事実に徴して調べてみると、なるほどと、そのことがよくわかります。

癸卯 ——昭和三十八年

癸卯の真義

今年はどういうことになってゆくであろうかと誰しも思わぬ者はあるまい。私はそういう時、いつもまずその年の干支が頭に浮かぶ。今年の干支は癸卯《きぼう》（みずのと・う）である。この前の癸卯は明治三十六年（一九〇三）、日露戦争の前年に当たる。そのまた前の癸卯は天保十四年（一八四三）で、内外物情騒然たる年であった。

干支学から言うと、癸は揆であり、物事を「はかる」意である。故に揆度《たく》とか、揆測とか、揆策などと用いる。然《しか》るに、測るには測る標準原則がなければならぬ。それでそういう「のり」、「みち」の意にもなる。「前聖後聖其の揆一なり」（孟子・離婁下）。「世代殊なりと雖も其揆一なり」（漢書・外戚恩澤表）、「天に応じ民に順《したが》うに至っては其の揆一なり」（班《はん》彪《ひょう》・王命論）などと用いられている。「揆一」という名はこれらに基づくものである。よって百事をとりはかる官職を揆といい、特に大臣宰相を意味する。つまり癸は物事の筋道を立てることであり、その筋道が立たぬと、混乱になり、ご破算になる。これを「均《なら》す」という。日本では、政治がその道を失って自然に起こる騒動を「一揆」と称するが、うまくつけたものである。一揆は自然発生的なもので、本来特定の人間の策略から発した叛乱とは異なるものである。

卯は兎ではなくて、冒（おかす）、陽気の衝動であり、「茂る」ことにもなり、兎よりも茆《かや》のほうである。もっとも陽気が発すれば、兎もとび出してこようが、それは民衆に普及する手段に採ったもので、原意にはない。卯は良い意味では繁栄・繁茂であるが、悪くすると紛糾し、動きがとれなくなることを表す。

そこで癸卯の年は万事・正しく筋を通してゆけば繁栄に向かうが、これを誤ると紛糾し動乱する意を含んでいる。すると来年は甲辰で、甲は「よろい」であり、鱗芽の「かいわれ」を表す文字である。辰は震、震発、震動で、甲辰は旧体制が破れて新しい激動が始まることを意味する。日本の現状はまさにこの干支の示唆するとおり、重大な機局である。指導者・政治家・宰相（＝揆）はこの機揆を誤ってはならない。

不幸にして今の日本はどの方面を見ても、いっこう筋道が立っていない。でたらめであり、わけがわからない。経済が繁栄しているというが、それは表れた形のことで、内実はすこぶるあやふやである。過当競争・出血受注・レジャーブーム・数十兆の手形の麻痺、経営の悪質、数えあげればきりがない。政治もまた同様で、民主自由ということをひどくはきちがえ、利己的暴慢や放縦がはなはだしく、法は守られず、「日本無責任時代」などという忌まわしい流行語が国民の苦笑を喚っている。年頭国会正常化ということがまず問題になっている。それほど異常なのである。社会生活もいわゆる面妖なことが多い。男女の風儀は乱れ、優生保護のためのものが、堕胎公行となり、この十年の間に二千万に上る胎児が闇から闇に葬られ、奇形児の出生、性格異常者・精神薄弱児・精神病者の数が激増し、全人口の五パーセントを超えるといわれている。青少年の非行犯罪も世界文明国では首位に達し、劣悪な教師によって道徳や礼儀・常識を無視した教育や講義が堂々と行なわれている。年々殺人事件だけでも六千件に上っているが、死刑は一万人に一人ぐらいの割にすぎない。殺された側は問題にされず、殺した人間をどう始末するかということの方が喧《やかま》しく論議され、この点では似而非《えせ》人道論や社会責任論が幅をきかして、殺し得、殺され損のような事例が多すぎる。変なもの・妖しいことである。

周の武王が革命を起こして、殷に勝った時、特に二人の捕虜を得て、これと親しく問答した記事がある。

「武王殷に勝ち二虜を得て問うて曰く、若《なんじ》の国に妖有りしか。一虜対《こた》えて曰く、吾が国に妖有り。昼星を見、而《しこうし》て天、血を雨《あめふ》らしぬ。此れ吾が国の妖なり。一虜対えて曰く、此は則ち妖なり。然《しか》りと雖《いえど》も其の大なる者なり。武王席を避けて之を再拝せり」（呂覧・慎大覧）。この意味から言えば、今の日本はまさに妖世・妖国である。これに対してなんとか正しく筋道を立ててゆかないと、今年は確かに乱れるであろう。

（「師と友」昭和38年2月）

筋道を立てて処理すれば繁栄

本年は癸卯（みずのと・う）の年であります。正しくはきぼうであります。

癸の意味

癸をみずのとと申しますのは、陰陽五行の思想が発達して、干支をこれに割り当てた時に、水に配したからみずで、これに兄弟（陰陽）を立てて、その弟（兄はえ、弟はと）をとってくっつけた。したがって去年は壬・みずのえで、今年は癸・みずのとであります。「癸」は百姓一揆の揆と同じ文字で、揆計とか揆測とか、あるいは揆量などと申しますが、物事をはかるという意味であります。また「はかる」には、はかる標準や原則がなければならない。したがって則とか道とかいう意味にもなるわけであります。そこで「癸」の意味するところは、万事則・道、つまり筋道を立ててはかる、考える、処理するという意味になる。ところが筋道を誤ると、筋道をなくすると、物事は自然に混乱し、その結果はご破算にしなければならぬようなことにもなる。だから癸を平均の均、ならすという意味にも用いるのであります。

したがって「癸」という干は、「万事筋道を立てて物を考え、処理してゆく。それを誤ると混乱し、あるいはご破算にならぬとも限らない」ということになるわけであります。

例えば、政治が筋道を失ったような時に自然に起こる動乱、打ち壊し騒動のことを、日本では昔から一揆と申します。揆は元来「則」とか「道」とかいうことであります。

原理・原則というものは、いつの時代でも、いかなるところにおいても変わらない。そこで「孟子」には、いつの世も偉い人の立てる道、筋道というものは、一つであるというので、「先聖後聖、其の揆一なり」と言っている。この揆一をひっくり返して一揆というのであります。特定の人物の陰謀や謀略によって起こす叛乱は一揆とは言わない。これは反逆とか、反乱とか謀反と申します。一揆とは、政治が道を失った時に自らにして起こる自然発生的なものを言うのであります。陰謀家はこれを巧みに利用して乗ずるのでありますが、それは元来一揆ではない。そこで癸というのは、善悪両面から考えるとまことに重大な意味を持つわけであります。

卯の意味

卯は、ぼうという音で、冒に同じく、また茆・茅と同じ意味であります。これは陽気の衝動であります。陽気が衝動し、発生するというのは、草木でいうならば、芽や葉がしげるということになり、したがって卯は茂に通ずるわけであります。

卯はもともとは兎ではなくて、いばら・かやという文字であります。いばらやかやというものは、茂って、根がはびこって、こんがらがると、どうにもならぬものであります。もちろんその中から兎も跳び出してくるでありましょうから、まんざら関係のないこともありますまいが、ほんとうは茅であります。

癸卯の意義

そこで癸と卯が重なった癸卯という年は、「万事筋道を立てて処理してゆけば、繁栄に導くことができるけれども、筋道を誤ると、こんがらがって、いばらやかやのようにあがきのつかぬことになる。その果ては混乱・動乱、あるいはぶち壊し・ご破算になるぞ」とこういう意味になるわけであります。

歴史上の癸卯

これを歴史的に見てまいりますと、六十年に一度ずつ同じ干支が現れるわけでありますから、この前の癸卯は日露戦争の前年の明治三十六年という年になる。その前は天保十四年（一八四三）で、この大阪には縁の深い大塩中斎（平八郎）の騒動などのあった後に当たり、物情騒然たる時であります。幕府は政治の筋道を失って紛糾混乱、ついには明治維新にまで進んでいってしまいました。

来年は甲辰《こうしん》（きのえ・たつ）で辰になる。甲はよろいという文字で、草木で申しますと鱗のよろいをつけた芽のことで、それが春になって陽気が発動して、その芽のよろいがとれる。これを甲拆《かいわれ》と申します。すなわち在来の体制が破壊して、そこから新しい芽が出るということになる。辰は地震の震と同じこと。発動してきた陽気が激動してゆくという意味であります。したがって旧体制が破れて、新しい動き・建設が衝動的に発生してくることであります。これが前回の癸卯では日露戦争になり、その前が明治の開国や維新ということに進んでいったわけでありまして、こういうことを統計的に調べ、また、干支本来の意味に照らして日本の現状を考えますと、今年昭和三十八年という年はどういう年か。この簡単な二字の干支が実に的確にその本質を表しておる、と申してよいと思うのであります。

筋道を喪失した日本

国民の運命を直接支配する代表的な政治の分野を見てまいりましてもそうでありまして、去年は重大な問題が、壬寅《じんいん》の干支のとおり進んでまいりました。壬は妊むという字で、したがって真ん中の一を長くしなければならない。これを短く壬と書くと、朝廷の廷となって意味が違ってくる。寅は演と同じで、伸びるという文字であります。だから去年の壬寅は、いろいろ発生した問題をはらんでぐんぐん伸びてきた。確かに去年は干支のとおり進んできたわけであります。もちろん寅も兎と同様、虎に特別関係はないのでありまして、本当の意味は伸びる、慎む。物事が新しくはらまれて伸びてくるのでありますから、その時において大いに慎まなければならない、慎重に処理をしなければならない。そこで寅という字は慎む。したがって同僚・同役のことを同寅《どういん》と申します。「書経」などによく出てくる語であります。昨年も、壬寅は伸びるということよりも、慎むということが大事だと、慎重に研究し、善処しなければならぬと、ずいぶん力説しておいたのでありますが、政治家などの中には、せっかく力説した大事なところを忘れて、伸びるということばかり頭に入れ、慎むということが足りませんでした。

そこで今年は筋を通すということが大事なので、筋を通さないと厄介なことになる、とんでもないことになる。今、日本は政治で申しましても、経済や教育で申しましても、すべてそうでありますが、問題が見送り見送りで、ごたごたするばかり、いっこうに筋道が立っておらぬ、というところに一番根本的な悩みがあるわけであります。

世界もまたそのとおりで、近頃やかましい中ソの論争にしても、国際共産主義の思想、その運動にどう筋道を通すかという、つまり中ソの喧嘩であります。フルシチョフの方から言うならば、中共の言うのは独断教条主義であって、俺の言うことの方が筋道が通るのだ。毛沢東らは帝国主義国を〝張子の虎〟などと馬鹿にしておるけれども、なかなかどうして自由主義・帝国主義諸国には恐ろしい爆弾もあるし、潜水艦もある。核兵器による恐るべき破壊力もあって、どのようなことになるかわからない。どうしてもここに柔軟性をもってマルクス・レーニン主義を解釈し、善処してゆかなければ道が立たぬと言う。ところが毛沢東の方にすれば、それでは逆に道が立たぬ。共産陣営の方が混乱して、破滅を招くことになる。だからこの際はあくまで強気で筋を通さなければならぬ、とまあずいぶん派手な論争をやって喧嘩をしておるわけであります。

しかし立場こそ異なれ日本も同じであります。政界を見ても、まず議会そのものが実に筋道が通っておらない。大体こちらの言うことを聞かなければ審議に応じない、などということ自体間違っておるのでありまして、これでは議会はいらぬということになる。こんな筋道の立たぬ話はない。まさに香港やシンガポールの新聞に書いておるとおり、日本の議会は妙な議会で、「会して議せず、議して決せず、決して行なわず」ということになる。実際はそのとおりで、まず議会の筋道を立てなければならないのであります。

また至るところ派閥闘争が行なわれて、選挙を見ても、どうも筋道の通らぬものが多い。混乱が多すぎる。大事な教育の問題にしても、日本の教育ほど筋の通っておらぬものはない。これは根本的に考えるならば、もっとも本質的な難問題であり、政治や経済の混乱、あるいは偏向・歪曲というようなものよりもっと恐ろしいことであります。

対外関係を見てもそうでありまして、特に今年の干支癸卯は、癸は北を表し、卯は東を表すもので、つまり北から東をさしているわけであります。言い換えれば韓国問題、中共・ソ連およびアメリカ、この方面の関係が主題になる、ということを一方において意味しておるわけであります。韓国問題をとって考えてみても、韓国自体いま難しい立場にある。国内には革命勢力が数派あって、李承晩政権を打倒するために口火を切って、一番活動した学生とつながっておる勢力、軍事革命の主力、便乗勢力、この変則な状態に滲透してゆこうという共産勢力等々、韓国の政情またははなはだ多事多難であります。

明治の日韓関係を見ても、韓国はロシアの勢力と清、すなわちシナの勢力と、日本の勢力との間にはさまって非常に紛糾しました。いずれと結んで国策を遂行してゆくか、ということでごたごたしたわけでありますが、運命と申しますか、今日も依然として韓国の立場は明治と似ておる。特に北の方は、中共と結ぶか、ソ連と結ぶか、日本と結ぶかということで紛糾しております。日本としては、これに対して立派な筋道を立ててゆかなければならない。これは実に難しいことで、同時にソ連や中共に対しても同じことであります。

ソ連のパイプ・ラインの問題にしてもそうであります。日本としては、そういうことはあらかじめにおわされておったのでありますが、NATO関係からああいうふうにはっきり言われてみて、初めてそういうこともあるのかなあ、と言って驚くような始末で、実に物の考え方が甘すぎる。神は自ら助くるものを助くで、自らはっきりしないようなものを助ける国はどこにもない。アメリカでも同じこと。日本自身はっきりしなければ、おそらく日本を助けるようなことはありますまい。率直に言ってアメリカは、どうも日本はわかったようでわからない。もっとはっきりしてもらいたい、というのがいつわらぬ感想であります。

個人生活にも筋を

これは国家社会のことばかりではありません。個人生活においても同じことであります。日本人の悪い癖は、外国人がよく指摘するのでありますが、日本人と話をしておるときに、「私はよくわからないが……」と言って意見をしゃべり出す。これはおかしい。言われてみるとそのとおりで、よくわからぬのならば黙っておればよい。「自分はかく信ずる、かく思う」となぜはっきり言わぬか。議論をしてもはっきりしない人が多い。物事をはっきりさせると損だとか、危ないとか、失礼だとか、本当に妙なコンプレックスを日本人は持っている。私など始終はっきり物を言う性質ですので、そんなにはっきり言ってよいのかとよく言われる。今年は好むと好まざるとにかかわらず、打算の是非にかかわらず、物事をはっきりさせて、筋道を立ててゆかなければならないのであります。

そうしなければ、だんだん日本は混乱に陥る。あたかも濁流が次第に脆弱な堤防に滲透してくるようなものであります。例えば、現に国際共産主義革命勢力なども、平和だ、友好だ、親善だと言って、巧妙に滲透してきております。今日も汽車で通りながら気づいたのでありますが、熱海の向こうの網代地区に巨額の資金を投じて土地を買収し、共産大学の建設計画が進行している。これはソ連の指令によるものでありますが、数年前も、北鮮の指令によって、工場を建てると言って、東京の郊外に敷地を買収し、共産大学を建設して、尖鋭なる革命の闘士が養成されつつある。こういうことは国家としてまことに容易ならぬことでありますが、これも成り行きのままに放任されておるような始末で、国家の治安とか、機密というものを守る原理・原則が、わが日本においては行なわれておらない。実に危ういことであります。

まあ、そういう個々の例をあげてくると際限のないことでありますが、どの面を見ても今の日本は、筋道が立たずにもたもたしておる。これが実相であります。これを放っておくと、干支の教えるとおりますます混乱するばかりであります。そのうちには安保問題、憲法問題、選挙問題、選挙法の改正問題、外交問題等々いろいろな問題が起こってまいります。さらに混乱がひどくなると、その揆一なりが一揆になって、またぞろゼネストだとか、大デモだとかいうようなことになって、始末の悪いことになる。どの点から考えても今年は重大な年であります。

そういうことを考えてまいりますと、いったい日本は楽観すべきか悲観すべきか、楽観する方がよいか、悲観する方がよいか。何事も楽観の方がよいに決まっております。文字どおり楽観ですから……。しかし、本当の楽観は悲観があって初めて成り立つものであるということは、哲学的にもはっきりしておることであります。愛するという言葉があります。これは人間の一番大事な徳の一つでありますが、日本語ではこれをかなしと言う。本当に愛するということはかなしむということであります。もし仏教というものを一語にして尽くすならば、いわゆる一言もってこれを蔽《さだ》むれば、「慈悲」ということであります。慈の下に悲の一字がついている。これが仏教の眼目であります。日本語で愛をかなしと言うのもうれしいことです。かなしむということは、人間の情緒のもっとも尊い働きの一つであります。人間、他人のことをかなしめるようになるのは、よほど精神が発達しなければならない。人が自分の親・兄弟・子供ばかりでなく、友人のことを、世の中のことを、国のことをかなしむようになってこそ、初めて文明人であり、文明国であります。

簡単に言えば、他人と親身との区別はどこにあるか。心配してくれるか、くれないかにある。他人はみな気楽なことを言う。「やあ、心配いりませんよ、大丈夫ですよ」、みなそう言う。他人から見て心配事でも何でもないようなことでも、親身は心配する。「人、遠き慮《おもんぱか》りなければ近き憂あり」という諺のとおり、親身になって心配する者があってこそ楽しめる。悲観ができてこそ楽観ができる。親身になればまず今日は悲しまざるを得ない。今の日本は、親身になって考えれば考えるほど悲しまざるを得ない。状態があまりにも深刻すぎる。これを多くの国民が親身になって悲しんでこそ、初めて楽観することができるのであります。

甲辰 ——昭和三十九年

いついかなる場合にも喜びの心を

先哲の教えに、「人間はいかなる場合にも喜神を含まなければならない」ということがございます。「喜神」とは「喜ぶ心」であります。言うまでもなく我々の心の働きにはいろいろあって、その最も奥深い本質的な心、これは神に通ずるが故に「神」と申すのであります。人間はいかなる境地にあっても、心の奥底に喜びの心を持たなければならぬ。これを展開しますと、感謝、あるいは報恩という気持になるでありましょう。新しい年を迎えて世界の国々を見渡した時、しみじみとこの日本の平和な新年に喜びを感ぜざるを得ないのであります。

ご承知のように、ヨーロッパ、アメリカをはじめ、至るところいろいろな争い悩みがございます。例えば、日本と同じように戦って敗れたドイツを見ても、いわゆるベルリンの壁というものが東ドイツによって打ち立てられ、今なおドイツ民族の親子・兄弟・親戚・朋友が理由なく遮断されて、お互いに往来もできない。それがこのクリスマスに、ようやく数日間だけ数カ所その壁が開けられ、東ベルリンの親戚・朋友を訪ねることが許された。いったいこの文明の世の中に、こんなことがあってよいものかと思いますが、事実そういうことがあるのです。

一方ソ連や中共のような農業国家でありながら、彼らは気の毒にも主食である小麦すらなくなって、大量に輸入しなければならぬような飢餓にあえいでおるし、アメリカでは、ケネディ大統領が横死して、その興奮の情いまだ静まらぬものがあります。さらに中・南米では、これまたご承知のとおり暴動・革命・内乱の連続であります。

そういうことを考えてまいりますと、日本において、我々がこの新年を、とにもかくにも平和と繁栄を享受して迎えたということは、本当にありがたく喜ばねばならぬと感ずる次第であります。がしかし、この平和と繁栄も決して手放しに喜ばれるものではない。実体はまことに変調で、しかもその変調の変調であることを一般人がそれほど意識しないということは、さらに不安なことであり、かつ危ないことであります。ここに日本の現代社会の大いに反省しなければならない弱点があるわけであります。

旧体制を破り創造を伸ばすべし

今年の干支は甲辰《こうしん》（きのえ・たつ）であります。

甲の意味

甲はよろいで、鱗――よろいをつけた草木の芽が、その殻を破って頭を少し出したという象形文字で、これを人事に適用いたしますと、旧体制が破れて、革新の動きが始まるということを意味しておる。そこでこれを実践的に考えると、この自然の機運に応じて、よろしく旧来のしきたりや陋習《ろうしゅう》を破って、革新の歩を進めねばならぬということになるわけであります。

辰の意味

と同時に「辰」という字は、これは説文《せつもん》学上から言うと会意文字で、理想に向かって辛抱強く、かつ慎重に、いろいろの抵抗や妨害と闘いながら歩を進めてゆくという意味であります。辰の厂の次に書いてある二は、上・天・神・理想を表す指事文字で、振・伸・震と相通ずる意味を持っている。

甲辰の意義

だから甲辰の意味するところは、ちょうど春になって、新芽が古い殻から頭を出すのであるが、まだ余寒が厳しくて、勢いよくその芽を伸ばすことができないと同じように、旧体制の殻を破って、革新の歩を進めなければならぬのであるが、そこにはいろいろの抵抗や妨害があるために、その困難と闘う努力をしながら、慎重に伸びてゆかなければならぬということであります。つまり革新的歩みを進めるに当たっての外界の妨害や抵抗、それとの交渉、動揺を表しておる。したがってこれは、自然の機運と共に、人間の使命・実践の問題であります。

これを昨年に較べますと、昨年の干支は癸卯《みずのとう》であります。この干支の意味するところは、筋道を通さなければ、物事が紛糾して始末がつかなくなり、場合によっては、ご破算に持ってゆかなければならぬようなことになるということでありました。

だから昨年において筋道を通すことを怠り、収拾すべからざるゆきづまりに到達しておるとすれば、あるいは到達すればするほど、今年の甲辰は、どうしてもその殻を破って、またその殻が破れて、それだけになお難しくなる。去年の成績が悪ければ悪いほど、今年は妨害の方が強いから、芽の伸び方が苦しい。

そのいろいろの抵抗や妨害と闘って、新芽が伸びてゆく次の段階を表すのが、来年の干支〈乙巳《いっし》〉ということになる。乙というのは、頭を出した芽が真っ直ぐに伸びないで、抵抗のために曲線を描いておるという象形文字。巳は、今まで地の中にこもっておった蛇が冬ごもりをやめて、外に出るという意味に解する説があります。したがって巳の頭を少しあけた已前とか已後とかいう時の已は終わるという意味を持っている。すなわち来年に至っては、いかなる抵抗も排除して、従来の旧体制のいろいろの問題に一応の終止符を打ち、そうして新たなる体制を堂々と進めてゆくということになる。これを誤ると、再来年は丙午という厄介な年になるのですが、これはまあ、来年になってお話しすることにいたします。

歴史上の甲辰

さて、この甲辰を史実の暦表に徴《ちょう》しますと、一つ前の甲辰は、明治三十七年の日露戦争勃発の年に当たります。日露戦争は、歴史を知らぬ者はないように思っておりますが、事実は甲辰の干支の示すとおり、それこそ悪戦苦闘、軍はもちろんのこと、政府も、野党も、心あるものは一致して苦心惨澹、三十八年の乙巳年にその結末をつけるべく大努力をした。その結果やっとあそこまで辿りつくことができたのです。今度の大東亜戦争に較べて、さすがに日露戦争の当事者は偉かったと思う。甲辰という干支の示唆するとおりやって、これは成功したということができます。

もう一つ遡ると、安政・嘉永の前の弘化元年（一八四四）という年になる。この年に幕府の旧体制に対して、勃然としていろいろ革新の論議が始まっております。しかるに幕府はこの形勢に善処することができず、はては革新の先頭に立つ水戸の斉昭《なりあき》に隠居を命じたりして、この辺りから次第に革新勢力との闘争が激しくなっております。しかし幸いにして革新勢力は、民族精神・道義的精神の豊かに養われておった人々であったために、ああいう立派な明治維新が行なわれました。その点、今日の日本の革新勢力はマルクス・レーニン主義者で、北京やクレムリンの傀儡《かいらい》のような者が主勢力であるから、明治維新の例をもってこれを考えることはできません。

義は東洋政治学の根本信条

とにかく今年は、そういう意味で因循姑息《こそく》・事なかれ主義でやってまいりました今までの旧体制が否でも応でも破れて、新しい動きが出てくる。この機運に乗じて、進んで積極的に旧体制を破り、そうして新しい革新の行動を起こさなければならない、ということを明確に考えることであります。したがって、来年へかけてのこの一、二年は、日本にとってすこぶる多事多難であります。しかるに、この間行なわれた自民党大会などを見ておっても、その点は社会党なども同じことでありますが、そういう自覚がはなはだ足りぬようであります。

そのよい例が、この年末にもっとも不快を感じ、またもっともよく今日の日本の政治を表した、あの周鴻慶の事件であります。こんな一小人のつまらぬ事件のために振り回されるどころか、あげくの果ては、こんな者に飛行機を出し、船を出して、護衛までつけて大連まで送り込むというに至っては、それこそ日本に政治ありや、と言いたくなるようなやり方であります。そのために台湾の国民党政府との間まで紛糾してまいりました。それに日本の政治家は概して応答挨拶がへたです。

いったい、この挨拶くらい人間にとって大事なものはありませんので、人間いろいろ難しいことを言うけれども、実際は、あいつはどう言った、こう言った、ということで問題になる。王陽明が人に与えた書簡の中に、「天下の事万変すと雖《いえど》も、吾が之に応ずる所以《ゆえん》は喜怒哀楽の四者を出《い》でず」と言っておりますが、そういう意味から言って、挨拶というものは大事であります。しかしこれがなかなか難しい。

例えばケネディ大統領が亡くなった時などでも、外国の記者まで評しておりますが、日本はアメリカと安保条約を締結して、言わば死なばもろともという仲である。だから、今、国内にはいろいろの事が紛糾しておるけれども、大統領が非業に斃れたのであるから、とりあえず駆けつけて深甚なる弔意を表するのだと言えば、国民はもちろんのこと、世界中あげてこれに共鳴したに違いない。それがなかった。これに反してドゴールのごときは、さすがに時宜を得て立派なものだというのです。こういうつまらないことでも、てきぱきとやれないというのでは、これから先が思いやられます。

また年が明けると早々、ドゴールが中共を承認して、これと手を握ろうと発表いたしました。そのために、政界・財界、評論界等のその道の専門家は申すに及ばず、あらゆる筋にわたって今、日本は喧々囂々《けんけんごうごう》たる物論でありますが、これを見ても、見識とか覚悟にいかに欠如しておるかわかるのであります。

日本は日本としてかく信ずる、ということをはっきり言えばよいのです。日本は昔から道の国、道義の国として立ってきておる。これは東洋政治学の根本信条であります。いわんや蔣総統は、あの終戦の時に、「暴を以て暴に代えることはよくない。怨みに報いるに徳を以てせよ」という先賢の教えに基づいて、日本のために道義的精神を発揮してくれたのであります。

したがって我々は、第一に国際道義に基づいて、次に現実の機宜に応じて事を処理すればよいのであります。第一、中国に二つあるわけがない。ただ正統政府と革命政府の二つあるにすぎない。しかし日本は、正統政府と平和条約を締結したのであるから、台湾における政府が存在するかぎり、日本はこれを正統政府と認めざるを得ない。ドゴール自身ロンドンに亡命当時、自分の方を正統政府としておった。革命政府がいかに広大な土地と多数の人民とを支配しておっても、まだ勝負はついておらぬ。革命政府を認めるのは、台湾における正統政府が消滅した後のことであります。

まあ、こういうふうに問題万事万端、決断がつかない、実行ができないということでは、これから後、四月には憲法調査会の結論を出さねばならぬし、あるいはその前にＩＬＯの問題、北鮮自由往来の問題、それから自民党総裁選挙の問題、治安立法の問題、防衛庁の取り扱い問題、そのうちには日米安保条約の問題、とその他問題が山積しておる。その一つ一つにへどもどしておるようでは、混乱することは目に見えております。しかも共産党は、今日党員が十二、三万にも伸びて、有力な諸団体、公共団体、政府、官庁、工場、学校等の組合の執行部を着々手中に収め、これらを第五列にあらゆる謀略工作を行なっておるのであります。

しかしこれらに対して、ほとんど日本の政府は無防備状態、野放しの状態と申してよろしい。が、こういう因循姑息のゆるされるのは、もう今、明年くらいでありまして、それこそ甲辰の干支のとおり、いかなる困難を排しても、政府自らが、保守党自らが、革新的活動をしなければ、二、三年にして日本は収拾すべからざる混乱に陥ることは明瞭であります。

ところがここに厄介な社会心理が一つある。これは同じような悩みを持つアメリカの学者、評論家が指摘しておることでありますが、こういう時局に当たって、指導層の人間に二とおりの種類があるというのです。一種類は現状満足派（man of complacency）というもので、少々のことがあったところで問題はないんだ、と現状に満足して、繁栄の中に没落するだの、危機が到来するだの、と警告する者がおっても、聞かぬどころか、聞くことを嫌がる。特にこれは、なんらかの地位につき、誇りを持ち、豊かな暮らしに恵まれた指導層の人に多いのであります。

これに反して、いわゆる繁栄の中に危機を発見し、いろいろの内外の危険を鋭敏に感じて警告する。これが第二種で、こういう人は少ない。この少ない第二種の人々を、多数の現状満足派は、なにかと言えばまたしても警告するというので alarmist、あるいは、じきに危機だ危機だと言うというので crisis monger などと言って軽蔑し嫌悪する。

これはアメリカだけの話ではありません。日本にもこの現状満足派が実に多い。容易ならぬなどというと、みなご機嫌が悪い。もちろん軽薄なるアラーミストもよくありませんけれども、人間はやはり常に先を慮り、反省をし、警戒をする、ということが大事であります。それは真心があれば必ずそうなるべきで、他人ならなんとも思わぬことでも、親は常に子に対して心配するのと同じことであります。それが人間精神、人間愛というもので、世の中というものは決して理屈で収まるものではありません。常に人間世界の問題は美しい情緒がたいせつです。

そこで、こういう厄介な時代になりますと、やはり本当に学問をする、道を学ぶ、そして何が義かということを発見すべく常に心がける、ということが大事であります。フランスの猛虎といわれたクレマンソー首相はその回想録に「自分は時々つくづくと政治が嫌になることがあるが、その時には自分は必ずギリシャやローマの古典を読む。これが一番自分の役に立つ」と告白しておりますが、道はやはり学ばなければいけない。真理というものは厳粛であります。

乙　巳 ——昭和四十年

因循姑息にケリをつけて勇敢に進む年

新年（昭和四十年）早々からいろいろな会合に臨み、内外の情報を聞きますと、今年は本当に重大な真剣な変革の動きが至るところにうかがわれます。したがってそれに対して我々はできるだけ正しい見識と勇気とを以て善処しなければならぬ、ということが心ある人々に共通に感ぜられておる。このことをまず注意しなければならぬと思うのであります。

私はよく新年の集まりに、というよりもむしろ暮に、政界・財界、その他いわゆる実際家と言われる方々から新しい年の干支について聞かれるのでありますが、その干支で申しましても、実際の動きと照らし合せて今年の干支はいっそう意義の深いのを覚えるのであります。

今年の干支は乙巳《いっし》（きのと・み）であります。巳という字はよく已・己と間違いやすいのでありますが、これは頭が上にくっついております。みは訓でありまして、音はしであります。したがって乙巳は、いつみではなくて、いっしであります。これはいったいどういう意味を持っておるのかと申しますと、順序としてまず去年の干支から説明いたさねばなりません。

去年は甲辰《こうしん》（きのえ・たつ）でありました。「甲《きのえ》」という字は、今まで寒さのために殻をかぶっておった草木の芽が、その殻を破って頭を出したという象形文字であります。したがってSein存在、あるがままで申しますと、春になって草木が殻を破って芽を出す（日本語ではこれを甲拆《かいわれ》という）という自然現象を表す。Sollen当為、人間のなすべき行為で申しますと、旧体制の殻を破って創造を伸ばせ、ということを教えておるわけであります。

支の「辰」は震と同じ意味で、易の六十四卦の震為雷《しんいらい》、即ち雷の卦を表すものであります。非常に騒がしい動揺がある。けれどももう一つ実がない。まかり間違えば、思いがけない変動・災禍を生ずる。

そこで、甲と辰とが組み合わされると、旧体制を脱して創造の新しい歩を進めるが、まだ外の寒気が強くて抵抗が多いために、思うように伸びない。いい気になるというと、とんだ失敗をする、禍を蒙る。だから気をつけて進んでゆかなければならぬ、ということになるわけであります。

乙の意味

それが今年になると、去年の甲辰で出した芽が、まだ外界の抵抗が強いために、真っ直ぐに伸びないで曲折しておる。乙という字は草木の芽が曲がりくねっておる象形文字であります。だから新しい改革創造の歩を進めるけれども、まだまだ外の抵抗力が強い。しかしいかなる抵抗があっても、どんな紆余曲折を経ても、それを進めてゆかねばならぬということであります。

巳の意味

乙巳の巳は、動物の象形文字であります。説文《せつもん》学で申しますと、今まで冬眠をしておった蛇が春になって、ぼつぼつ冬眠生活を終って地表に這い出す形を表しておる。即ち従来の地中生活・冬眠生活を終って、新しい地上活動をするということで、従来の因習的生活に終りを告げるという意味がこの文字であります。その意味で巳《い》(やむ)にひとしい。

乙巳の意義

したがって乙巳という年は、いかに外界の抵抗力が強くとも、それに屈せずに、弾力的に、とにかく在来の因習的生活にけりをつけて、雄々しくやってゆくのだ、とこういう意味を表すわけです。文字というものは面白いもので、そういう弾力的な創造的な発展の精神がなくて、悪がたまりに固まってしまった、というのが己《おのれ》という文字であります。自己になってしまうわけです。

とにかく今年は、この乙巳の干支のとおり、ありきたりの、意気地のない、あるいはだらしのない、ごまかしの生活に見切りをつけて、勇敢に溌剌とやってゆかなければなりません。さきほど年頭五警の朗誦がありましたが、その中に「年頭決然滞事を一掃すべし」――滞っておることを一掃せよということがありました。つまりけじめをつける、片づけるということです。これをうまくやらぬと、来年の丙午《へいご》は反対勢力が旺盛になるのでありますが、その抵抗力に圧倒されることになる。いま抵抗はどちらかと言うと、あまり外にはっきり現れておりませんが、それが外にはっきり出てきて、四つに取り組むということになるわけです。

史実に見る乙巳の年

この乙巳という干支は六十干支の中でも、特別な組み合わせの干支でありまして、たいへん面白い意味ばかりでなく、また実に多事なのであります。これをわが国の歴史の事実に徴《ちょう》して申しますと、一回り遡って前の乙巳の年というと、これは明治三十八年になる。この年には、当時の政治家は野党でもたいそう賢明でありまして、前年の三十七年に開戦した日露戦争に乙巳の文字どおりけりをつけて、どうやら勝ち戦というかっこうをつけることに成功いたしました。もしあの時、今度の戦争のようにずるずるべったりやっておったとしたら、おそらくもうその時に敗戦の経験をしておったに違いないでありましょう。しかしさすがに当時の日本は、国民も偉かったが、指導者も人材がそろっておりまして、したがって心がけも出来ておりましたので、むしろ勝った勝ったといい気になっておった国民を抑えて、どうにか戦局を結びました。まさに乙巳の干支のとおりやってのけたわけであります。

なお面白いのはその後であります。即ちその年の十二月には日韓関係にけりをつけまして、これにはずいぶん議論もあり、いろいろな抵抗もありましたけれども、それらを排除して日韓協定を締結し、そして統監府を設置して、伊藤博文の就任となったのであります。この頃新聞を注意しておられるとよく出てまいりますが、韓国野党側が「昔の乙巳条約を繰り返されるようなことになっては承知せんぞ」と盛んに朴政権を脅かしております。これはその時の条約を言っておるわけでありますが、奇《く》しくもただ今、再び日韓会談が進行中であります。しばらく停滞しておりましたけれども、新しい代表の任命と共にまた動き出しまして、なんとしても今年はこれを解決するということで、両国政府共に今苦心いたしておるのであります。が、しかしこれはなかなか難しい問題であります。

もう少し遡って大きい例を拾いますと、徳川家康が征夷大将軍となって天下の大勢にけりをつけて、とにかくいろいろ議論がありましたけれども、秀忠を二代将軍に押し立てて、徳川政権に新しい体制を進めたのが慶長十年（一六〇五）の乙巳の年でありました。

さらに遡って文治元年（一一八五）、源頼朝が屋島、壇ノ浦に平家を滅ぼし、全国に守護・地頭を設置して、いわゆる鎌倉幕府の政治体制というものを確立いたしました。この年がやはり乙巳の年であります。

もっと遡って、有名な大化の改新（六四五）もやはりこの乙巳の年に行なわれておりますし、百済《くだら》から渡来した仏像を物部守屋《もののべのもりや》が堀江に投げ込んで、新しいいろいろな問題を起こす原因を開いたのも、この乙巳の年であります。

とにかく干支の意味するところから申しましても、歴史の実例から申しましても、乙巳は容易ならざる年であることを暗示しておるのでありまして、したがって今年は従来の何もせぬ主義の因循姑息《こそく》ということにけりをつけて、いかなる抵抗とも闘って、思い切って革新の歩を進めてゆかねばならない。そういう意義深い年回りになるわけであります。これは国家ばかりではありません。自分たちの事業にしても、あるいは自分たちの私生活にしましても、すべてに通ずる問題であります。

さて、そうなるとどうして改革・革新の歩を進めてゆくか。やはり根性を直すほかにはありません。根性という言葉はあまり上品な言葉ではありませんが、民衆の間に自然に発生してくる言葉というものは微妙なものでありまして、なかなか味のあるよい文字でもあります。根本と性というのですから、さきほど申しましたような悪がたまりに固まった、利己的・打算的な、唯物的・機械的な考え方ではいけません。どうしても根性を直してからなければ、またそういうことのできる人物に依らなければ直りません。

そこでそういうことがいつとなく提唱されるようになってまいりまして、この辺で一つ精神を打ち込まなければならぬ、人物を鍛えなければならぬということが、もっとも鈍感だと定評のありました文部行政にまで及んでまいりました。そして中央教育審議会が「期待される人間像」というような報告を出して、はっきりと従来の考え方・行き方に対してこうなければならぬ、という所信を発表したのであります。いささか遅きに過ぎますけれども、為すは為さざるより勝るで、決して今からでも遅くはありません。

しかしこれは少々題が悪い。期待される人間像や理想像などという題では必ず物論を招くに違いない。それよりも「期待される自覚」とか「現代文明の批判」とかと題を変えた方がよかったと思うのであります。いちいちもっともな内容ではあるけれども、理想像などと言ったのではぴったりしない。理想像というものは血が通っておらなければならぬ、情熱、感激がなければならぬ。大勢寄って、比較検討し、それを総合して記述した、などというものは理想像にはなりません。その辺がちょっとピントが外れておるように思うのであります。が、いずれにしても為さざるよりはましでありまして、今まで右顧左眄しておったような人々も、これによって相当自信を持つに至ったと思うのであります。これも従来の行き方にあきたらずして、新しい感覚・精神・行動力をもって為すあらんとする動きのいい例でありますが、とにかく国家的には政策もそれに応じて直してゆかねばなりません。

と同時に家庭的にも個人的にも因循姑息を排して、それぞれやってゆかなければならない。考えてみると個人的にはみなそうでありますが、時勢に負けてしまったというか、あきらめてしまったというか、心の中ではそれでは困ると思っておっても、自分たちはもう古くなったとか、今の若い者にはかなわぬとか、何とか言ってはっきりと自分の思想・信念をうち出さない、妥協的である。この因循姑息がどれくらい子供たちを誤り、家庭を暗くし、社会を毒したか。これは量《はか》るべからざるものがあるのであります。

これからは一つ中央教育審議会の報告ではないが、個人として、家庭人として、社会人として、日本人として、堂々と考え、堂々と行なってゆくことがもっとも必要であります。これをやりませんと、日本の国民生活も、また日本の国家生活も容易ならぬ頽廃・混乱に陥って、それこそ来年は丙午の干支のとおり厄介なことになることは明らかであります。

民衆と指導階級

世界の学界・思想界のもっとも優れた人々の論ずるところを少し注意しておるとすぐわかりますが、従来のような自堕落な意気地のない議論に別れを告げて、非常にはっきりと自分の信念や見識を述べておりますし、またそういう行動が方々に活発に起こってきております。それらの議論の一つに、「リーダーズ・ダイジェスト」の正月号の最後に「見事に祖国を救ったブラジル国民」といった題の記事があります。

これはご承知のようにブラジルが、まったく共産党の宣伝工作・滲透作戦に骨の髄までしゃぶられてしまって、政府機関も麻痺してしまっておったのを、国民の中の有識の士が敢然と決起して、見事に祖国を救ったあの去年四月のブラジル革命の記事であります。それを読むと、ときどき、はて、これはブラジルのことか、日本のことか、と感心するくらい実感にあふれておりますが、この革命によって中共の新華社通信の派遣員などどみな捕まっております。そしてブラジルは死刑がありませんが、この国の極刑に科せられておる。中共がブラジルの共産革命にいかに強力な指導をしておったか、これを見てもよくわかるのであります。

ところが、その捕えられた中共の連中のために弁護や陳情をしよう、と日本の弁護士会のある人物がのこのこブラジルまで出かけてゆこうとした。政府が旅券の発行を拒否すると、それではカナダ行きの旅券をくれと言う。それも拒否されると、今度はパリ行きの旅券を申請する。パリからブラジルへ潜入する心算と見えますが、今、識者の間で物笑いになっております。この間も外国のプレス・クラブの友人に招かれて懇談した時に、幾人もの外国の記者が口をそろえて、「日本には我々に解釈のつかぬピントの外れたのがいますね……」と言って笑っておりましたが、実際そのとおりであります。

外国の学者の中にも、日本へやって来て、日本の指導階級の中にあまりにも国民の常識とかけ離れた議論をする者が多いというのは、いったいこれはどうしたことだろうか、と言って首をかしげる者が多い。常識というものは大事なものであるが、しかし民衆は教養が低いから、民衆の常識にはしばしば洗練されぬものがある。その民衆の常識を良識にまで磨き上げてゆくのが指導階級であるのに、日本の指導階級にはかえって立派な民衆の常識に矛盾するような、それを傷つけるようなことを平気で言う者が多すぎる。「いったい日本の教育はどうなっておるのであろうか」とこういうことを論じておる人もあります。まことに恥ずかしいことであります。

そういう俗な、あるいは間違った考え方や議論を勇敢に排除して、なんとしても日本の維新をやってゆきたいものであります。間もなく明治維新百年になりますが、だいぶあちらこちらで明治維新を記念して、これをまた新たにしようという意欲が出てまいりました。これも一つの時代の活発な動きだと思います。まことに結構なことでありまして、乙巳の年を乙巳の干支の教うるがごとくに活発にやってゆきたいと念ずる次第であります。

丙午

——昭和四十一年

丙午の真義

「ひのえ・うま」が今だに世上の問題になっている。多くの人々が、この年に生まれた女は夫にたたる、ひどいのは殺してしまうという伝説に、少なくとも内心に危惧を感じておることは事実であり、それだけにその迷信を排斥しようとする人々も真剣である。しかしその割に丙午《へいご》の真義を知る人の少ないことは一つの不思議である。問題はそんな男女夫婦関係にあるのではない。

元来干支＝十干・十二支は、生命あるいはエネルギーの成長収蔵すなわち変化の過程を系統的に分類したものである。去年の干「乙」は草木の芽が新しい陽気に逢うて古い殻を破って頭を出した甲（きのえ）が、外の寒気の抵抗のために真っ直ぐに伸びられなくて曲折している姿であり、支の「巳」は冬眠していた蛇が地上に出ようとしている象《かたち》である。

そこで乙巳《いっし》は旧体制を打破して新しい創造発展に努むべきことを意味する。日露戦争をうまく片づけた明治三十八年が乙巳である。

丙は乙より進んで陽気の発展した象。丙は炳（あきらか・つよし）を意味するが、文字の成り立ち＝一・冂・入が示すように、一は陽気、冂はかこい、物盛んなれば衰うる理で、陽気がすでに隠れ始めることを意味する。

午は𠂉と十で、上の字画は地表、下の十は一陰が陽を冒して上昇する象である。すなわち「午は忤也」と解説され、反対勢力の高まりを示す。そこで丙午は、旧来の代表勢力がすでに極に達して反面にこれに対する反対勢力の突き上げに遭う象である。これをどう処理するかによって、運命が一変してくる。来年は丁未《ていび》（ひのと・ひつじ）で、「丁」は丁壮でもあり丁当でもある。「未」は昧に同じ、反対勢力を鎮静帰服することもできるし、反対に激突して世の中を昧《くら》くしてしまうことにもなる。反対勢力そのものの吟味・革新も考えられる。明治三十九年が丙午に当たるが、明治の政治家は日露戦争による慢心と放縦、その内部の疲労・打撃の処理に悩んだ。そしてどうやら大過なきを得た。それでも翌々年戊申《ぼしん》には国民を引き緊めるためにいわゆる戊申詔書を出していただいて、「荒怠相誡《こうたいあいいまし》め、自彊《じきょう》息《や》まざるべし」のお言葉を仰がねばならなかった。丙午の歳の重大意義はここに在ることを明解してほしい。

和を以て相欺く

人間何か真剣な問題に逢うと、古人が体験より発した言葉に改めて感を深うする。漢の高祖を教えた陸賈《りくか》の書といわれる「新語」を先日耽読しているうち、

「君子は義を以て相褒《ほ》め、小人は和を以て相欺《あざむ》く」

という語にいたく打たれた。特に「和を以て相欺く」とはまさに今日の世界情勢にぴったりではないか。外国でも日本国内でも、平和と友好は合言葉のようになっている。しかしどこにまことの平和や友好があるのか。特に共産陣営では、平和は敵を攻撃する楯、自己陣営を誇示する旗幟に用いられ、友好親善は相手国を安心させるための謀略奸計の偽装にほかならない。まさに和を以て相欺くものである。

「三国志」で知られたことであるが、荀悦《じゅんえつ》は国の四患の第一に偽――いつわりを挙げている。これだけ文明の進歩した世界であるが、政治・政略に今日ほど偽りのはなはだしいことはあるまい。なんとかもう少し正直になれぬものか。MRAの四綱領の第一に絶対正直absolute honestyを挙げているが、絶対でなくても普通でよい。もっと正直にさえなれば、世の中はぐっと善くなるのだ。「偽のなき世なりせばいかばかり人の言の葉嬉しからまし」（古今和歌集）であるが、遺憾ながらクレムリンや北京の政府によって偽瞞は公然の政略武器となり、青少年教育にまで徹底させられて、「稚き孫めに偽り表裏を稽古させ、嘘

つきに仕立つるか」（国姓爺後日合戦）という名高い台詞《せりふ》が思い出される。陸賈「新語」に、「愚者力を以て相乱す」ともある。「和を以て相欺き、力を以て相乱す」。なんとも救いがたい世界である。

（「師と友」昭和41年2月）

在来勢力が反対勢力の突き上げにあう年

丙の意味

今年の丙午（ひのえ・うま）というのは、干支の学問から言うと、一昨年、昨年の陽気が一段とはっきり発展することであります。それが「丙」。そこで「丙は炳なり」と炳の文字を当てはめてある。あきらかとか強いとかいう意味であります。文字学的に言うと、丙の上の一は思い切って伸びる陽気を表し、冂はかこいを表す。それに入という字を書いてある。陽気が囲いの中に入る、つまり物は盛んになりっぱなしということはない、ということをこの字は表しておるわけです。生命・創造の働きというものは無限の循環であります。

例えば我々の生命力が伸びて成長するということは、同時にこれは老衰するということに通じる。丙は去年の乙に較べて陽気があきらかに伸びるのであるが、しかしもうその時すでにこの陽気が囲いの中に入るわけで、また入れなければいけない。つまり盛んな陽気がだんだん内に入ってゆくことを表しておる。物は、盛んな時に必ず衰える兆を含んでおる。だから盛んになったからといって有頂天になることを教えはもっとも愚としておるのであります。

しかし反対に衰えるということは、やがてまた盛んになるという生の未来を含んでおるのであるから、衰えたからといって落胆するのは道を知らざる者のことである。人間、老いるということを多く嘆くのであるが、決してそうではない。老いたら老いたで楽しみもあれば、また力もある。丙の文字はよくこれを表しておるわけであります。

午の意味

さて、「午」はどういうことを表すかというと、上の午は古代文字では𠂉と書き、これは地表を表しておる。十の一は陽気で、｜は陰気が下から突き上げてまさに地表に出ようとする象形文字であります。だから「午は忤なり」でそむく、さからうという意味になるわけです。

丙午の意義

そこで丙午と組み合わされると、在来の支配的代表勢力が大いに伸びて盛んになるが、反面に、それに対する反対（待をも含む）勢力が内側から突き上げてきておるということになる。一見、たいそう栄えて、あきらかで、強いように見える在来の代表勢力ではあるけれども、すでにもう下からの突き上げに遭って、これをよく処理するか、し得ないかで、今後大いに変わってゆくという意味を持っておる。

したがってこの丙午機運というものは本当に大事なのでありまして、うまく反対勢力を処理すれば、元来これは陰でありますから、おとなしく鎮静する。ところが処理し損なうと、ますます突き上げが強くなって、陰と陽とが激突する。これが来年の「丁未《ていび》」である。「丁」には壮丁などという場合の盛んという意味と、丁当などという場合の当たるという意味の両方があって、激突してうまくこれを処理すればおとなしくなる。そのおとなしいのを象徴して古代人は羊を選んだわけです。The Nation of Sheep「羊のような国民」、という本を近年アメリカのレーデラという人が著して話題になりましたが、この本の意味とはやや違って、うまく処理すれば、おとなしい羊の群のような、平和で、善良な時世にもなるわけです。だが間違えると、「未」は日扁の昧という字になって、暗黒になってしまいます。

そこで丙午という年は、在来の代表勢力は伸びるようであって、すでに反動勢力が台頭してきておる。それを今年うまく乗りこなせば、来年はおとなしくなるけれども、やり損なうと少し暗くなる、激突もする。したがってシナの歴史の文献を見ても、殊に唐や宋の時代の文献にしばしば出てまいりますが、歴史的に丙午と丁未の年を「内憂外患の年」として警戒され忌まれておるのであります。

ひのえうま伝説の由来

この暦学・干支学が日本に伝来して、だんだん民間に普及し、大衆化するにつれて——一般の民衆には時代だの国家だのというような難しいことはわからん、どうしても物事は通俗に解釈されるようになる――身近な家を中心に考えるようになってきた。家の代表勢力は父、夫である、男である。その反対勢力は女房、女である。そこで丙午生まれの女房を貰うと、亭主は突き上げられて、どうかすると真っ暗闇になってしまう、というようなとんでもない誤解をして、さらにそれに尾ひれがついて、丙午に生まれた女は亭主に逆らう、あげくの果てには亭主が食い殺されるということになって、この科学の時代になおかつ丙午生まれを嫌う、というとんでもない迷信が横行するのであります。よって来《きた》るところを考えますと、必ずしも無意味ではないのですけれども、しかしそこまで考える人は実際にはおりませんから、これは迷信としてどこまでも排除しなければなりません。

人間というものは、さてとなると意気地のないもので、去年は特別に結婚式が多かった。それは今年結婚させると、来年丙午の年に女の子が生まれると大変だというわけで、平生はやれ科学だの迷信だのと言って、議論をしておった人までがいっこう勇気がありませんで、そういうものかしら、などと言ってあわてて方々でたくさん婚礼を行なった。おかげで私など去年はずいぶん婚礼に出席いたしましたが、至るところでそういうことを申しますので、口を酸っぱくして解明いたしたしたようなわけであります。

元来、干も支も生命の発生・成長・収蔵の過程、あるいはエネルギーの変化の過程を時代に当てはめて解説したものであるから、もともとは時の機運というものを主としたもので、私生活の細々しいことに適用すべきではない。やはり時世の変化というものに適用するのが一番正しいのであります。そしてまた、具体的に歴史上の事実に徴《ちょう》して調べてみると、なるほどとよくわかる。

歴史に見る丙午の年

今から一還暦、六十年前に遡ると、丙午の年は明治三十九年（一九〇六）になる。この年はもう説明しなくても、みなさんよくおわかりであろうと思う。日清戦争に続いて、三十八年に日露戦争が終って、日本は押しも押されもしない世界的勢力に伸《の》し上がったわけですから、その意味において三十九年は陽気盛んな、華やかな時である。まさに炳であります。

だが、しからば本当に華やかで、平和で、おめでたい、安心な年であったかと言うと、決してそうではない。内部的にはすでに大きな動揺不安が発生してきておる。なんと言っても日露戦争はロシアという世界の大国を相手にして戦ったのでありますから、軍・政府当局はもちろんのこと、全国民のその間の苦心・苦労というものは本当にたいへんなもので、そのために派遣軍の児玉（源太郎）さんなどは、精根を使い果して、ほとんど虚脱の状態になってしまうし、総理大臣の桂《かつら》（太郎）さんに至っては食べる物も咽《のど》を通らなくなった。

まあ、そういう苦労をして、勝ち戦という体面をつくって、明治三十九年に入った。そこで三十七、八年の無理・苦労が一斉に突き上げてきた。つまりその反動が表れてきたのであります。しかもそれが複雑で、その上、勝った勝ったというので、どうしても国民はいい気になる、上《うわ》っ調子になる。直接戦争に関与したような連中は、俺たちの努力で勝ったのだというので、どうしても高慢になる。お互い同士嫉視排擠《はいせい》をし合う。とにかく物質的にも精神的にもいろいろの矛盾や悩みが突き上げてきたのが明治三十九年です。

そこでこれはいかん、戦に勝ってかえって日本は堕落する、失敗をする、というので引き緊めにかかったけれども、なかなか引き緊まらない。頽廃動揺して明治四十年の丁未には、だいぶ日本は暗くなってきた。またいろいろの勢力が政治的にも思想的にも衝突するようになってきている。そして明治四十一年の戊申になると、もう政府の力ではこの時代風潮も国民生活の動揺も指導しきれなくなった。そこで明治天皇にお願いいたしまして、あの「戊申詔書」の渙発となったのであります。

そしてその中に「荒怠相誡《こうたいあいいまし》め自彊《じきよう》息《や》まざるべし」、という言葉を入れられたわけでありますが、明治・大正に生きた人でこの言葉を知らぬ者はおりますまい。終戦の時の御詔勅にある「万世の為に太平を開く」と同じことで、まるでお守札と言いますか、おみくじの言葉と言いますか、みなこれを覚えたものです。しかし、これは裏を返して言えば、それだけでその頃の日本が、国民生活が、荒怠しておったという証拠です。今日で言うならば、レジャーとかバカンスとかいうような享楽主義、自由と放縦をはき違えたようなだらしのない状態を、明治は明治なりに実現しておったのであります。

戦後の日本の国力は、まず経済の面から非常な勢いで復興してまいりました。いろいろの艱難を克服して、確かに炳、盛んな状態になった。けれどもその反面において、いろいろの反対・反動現象が盛り上がってきておる。それを明治三十九年の時のように指導者がうまく処理できるかどうか。明治の時はさすがに指導者たちがしっかりしておって、なんとか処理して落ち着けたけれども、それでも戊申詔書の渙発を仰がねばならなかった。今、日本がこのままだんだん乱れていったならば、いったい何を以て戊申詔書に代えるか。これは重大な問題であります。しかし同時にいい反動もまた近来著しく表れてきております。これを育て上げればよいのであります。

弘化三年の丙午

まあ、それは問題としておいて、もう一つ遡ると弘化三年（一八四六）になる。この時に仁孝天皇が崩御になって、孝明天皇が即位しておいでになる。やはり一つの大きな変わり目であります。幕府勢力はずうっと続いて盛んになってきたが、もうすでに倒幕の動きが突き上げてきておる。それから外国勢力が押し寄せてきておる。ペリーが浦賀に来たのはずっと後の嘉永六年（一八五三）でありますが、もうこの丙午の年にアメリカの船も、フランス、デンマークの船も来ておるのであります。

この年から、盛んなりし平和なりし幕府勢力がだんだん動揺してくる。当時の一番の反動勢力は勤皇倒幕勢力および外国勢力です。しかしさすがに、その頃の指導者たちは偉かった。幕府政治二世紀の長きにわたって、神道・国学・儒教・仏教などの教養が豊かに力強く行なわれてきておったおかげで、人材がたくさんおりましたので、よくこれを乗り切ることができた。そして外国勢力に乗ぜられることを排除して、堂々と自主的変革をやって明治維新になったのであります。当時の幕府および反幕諸藩の間に介在して、いろいろ策略を弄した諸外国の使臣たちとの交渉過程などを調べてみると、本当によくやったと手に汗握るところがある。

そしてこの時の反動勢力というものを考えてみると、国家とか国民とかいう立場から言えば、どちらにも立派な人材がおったのですから、在来の幕府勢力でも勤皇倒幕勢力でもどちらでもよかったわけですが、とにかく勤皇倒幕の反動勢力が勝って、在来の幕府勢力はその中へすっかり退却衰退してしまった。しかし日本国家は、日本民族は、その結果大きく躍進した。これは在来の勢力が敗れて、反動勢力に支配された例でありますが、そのきっかけをなしたのが弘化三年の丙午であります。

もう少し遡って面白い丙午を調べてみると、慶長十一年（一六〇六）がそうであります。

すでに秀吉が死んで、秀頼が後継として右大臣になっている。これは信長がなったいわゆる右府と称せられる名誉の地位でありますから、豊臣家勢力の一つの安定のように見えるのであるが、しかしその同じ年に秀忠が内大臣になっておるのであります。つまり在来の豊臣勢力に対する徳川反動勢力がもう突き上げてきておる。そして豊臣家が倒れて、徳川の天下になった。これは反動勢力が勝った例であるが、これまた国家・国民の立場から言えば、どちらが勝ってもよいということで済んだわけです。ちょうどイギリスの保守党内閣が労働党内閣になろうが、アメリカの共和党内閣が民主党内閣に変わろうが、難しく言えばいろいろあるけれども、たかをくくればどちらでもよいというのと同じことです。

　もっと遡って文治二年（一一八六）という年がやはり丙午。この時に平家が滅んで、源氏が勝った。ところがその同じ年にもう頼朝に義経という反動勢力が現れて、お互いにいがみ合っておる。そして頼朝が勝って、義経は奥州へ下って藤原氏に頼っておるのであります。この時には義経という反対勢力が負けた。しかし勝った頼朝の源氏も間もなく北条氏に取って代わられておる。まあ、これもどう変わろうが国家・国民から言うならば大したことはない、と言って済ますことができるのであります。

　そういうふうに歴史の事実を点検してくると、なるほど丙午という年は意味深長というか、すこぶる機微にわたるというか、容易ならざる年であるということがよくわかる。理論的に言いましても、経験的に言いましても、重大な年であるということがしみじみ感ぜられるのであります。

今年の丙午

そこで今日の丙午はどうであるか、どんな反動勢力があるか。これを時的に考察すると、今日は昔に較べてはるかに複雑であります。簡単に誰にもわかる例を言えば、社会党・共産党・公明党などというものが自民党に対抗して突き上げてきておる。そうかと思うと一方では、中共や北鮮の共産勢力が強力に対日工作を進めてきておるのでありまして、この社会党や中共の荒馬をどうして乗りこなしてゆくか。

そもそもなぜ馬をこの午に当てはめたかと申しますと、これもなかなか考えたものでありまして、ご承知のように馬というものは実によく相手を知っておる。騎手がよいときわめておとなしい馬も、一度人間を馬鹿にしたり、反感を持ったりすると、たちまち蹴ったり、振り落としたりして、いっこう言うことを聞かない。そういうところから馬を当てはめたのでありましょうが、日本もこれらの荒馬を乗り損ねたら本当にたいへんです。

国家・国民という立場から言って、かりに彼ら共産勢力が政治を支配して、従来の保守勢力がすっかり衰退するということになると、日本は従来の歴史とは違った大きな社会変化を生ずる。最悪の場合には歴史的・伝統的な日本に終止符をうつことになる。だから、どちらでもよいと腕組みをしているわけにはまいらぬ丙午であります。

しかしもっとよく観察すると、国家・国民にとって希望を持つことのできる、賀すべき反対勢力も目に映る。例えば自民党の中にも、「従来のような自民党ではもうだめだ、ここまでくれば思い切って改革しなければならん、場合によっては分裂も可なり、我々の手で新保守党をつくろう」というような突き上げもあるわけであります。

また、もっと歴史や伝統をたずねよう、立派な人に学ぼうというような、在来のジャーナリズムから言うならば反対の現象が勃然として興ってきた。こういうものをうんと持ち上げて、これに時を得させて、なんとかして代表勢力・支配勢力に育ててゆけば、日本は望ましい変革ができるのであります。

そういう複雑な現象が丙午の中に含まれておる。これをどう処理するか、またどうしてこの機運を来年に発展させるか。こういうことが今年の干支より見た日本の重大な意義であり、また使命でもあります。

したがって今年は本当に重大な時機であります。しかし今日の世の中はもはや一政府・一内閣・一政党の力ではどうすることもできるものではない。国民のあらゆる指導層の人々が真剣になって、新しい機運を盛り上げてゆくほかにはないのであります。みなさんもそこに活眼を開かれて、この丙午の年の真実の意義をよく認識して、遺憾なく達成していただくように深刻に望まれるゆえんであります。

そして、ここにきわめて暗示的なことは、昭和戊申の年はちょうど明治維新一百年の年になる。仮に今、在来の代表勢力を左翼勢力とするならば、共産革命にもってゆかずに、明治維新の精神を回復して、再びもっと正しい民族革命にもってゆくことができる。のみならず今、社会党その他の左翼革命勢力が盛んに申しております一九七〇年、昭和四十五年の革命の年を無事切り抜ける。そうすればその時になって堂々と本当の日本をつくり上げることができるというものであります。

したがって、大事なことは戊申、すなわち今から二年後に来る明治維新一百年の年をどういう態勢に落ち着けるかということでありまして、それは今年の丙午、来年の丁未で決まるのであります。だから今、明年はどうしても我々は本当に真剣に努力しなければならないのであります。

丁未 ——昭和四十二年

新旧勢力の衝突

昨年の始めに干支の丙午《へいご》についてその正しい意義を詳説し、時勢の進行に対する善処の方針を明らかにしておいたが、年末になって、いっこう善処の話は出ず、なるほどお話どおり形勢は悪化しましたねという、情けない雑談の方が多かった。残念なことである。「なべて政治は利害関係を持つ人間の大部分の無関心の上に成り立っている」とP・ヴァレリーが論じていたのを記憶しているが、現代の情勢もまことに歯がゆいものである。

今年の「丁」の上の一は、丙の上の一の続きと見てよい。つまり従来の代表的な動き、主流のなお持続を表すが、下の亅はこれに対する新しい、あるいは反対の動き、対抗勢力の衝突を表す。説文《せつもん》学からいうと、また「丁」の下亅は幹を表し、上の一は木の上部、したがってその枝葉の茂りを表すわけである。支の「未」に同様の意味があり、分解すれば一と木で、一はやはり木の上部・枝葉の繁茂を表す。木の五衰といって、枝葉が繁りすぎると、日光が遮られ、風通しが悪くなって、虫がつく。木が弱って梢止《うら》まり、つまり成長が止まる。そうなると裾上がり、根上がりが始まり、活力の源泉が乏しくなるから、梢枯れ現象が始まる。天辺《てっぺん》から枯れだす。人間も同様である。

丁未《ていび》の干支の意味するところは切実である。今年は思い切ってこの枝葉を刈り取り、根固めをして、採光通風をよくせねばならない。そうせねば来年は手のつけられぬことになる。つまり戊申である。戊は茂であり、申は伸である。

日本丁未の史実

一還暦前の丁未は明治四十年（一九〇七）。日露戦争による疲労と、弛み、勝ったという驕《おご》りや、争いで荒《すさ》みきり、この年の争議ストは明治年間最高の百数十件に上った。ついに翌年十月十三日に至って戊申詔書が渙発され、その中に、「戦後日尚浅《なお》ク、庶政益々《ますます》更張ヲ要ス。宜《よろし》ク上下心ヲ一ニシ、忠実業ニ服シ、勤倹産ヲ治メ、惟レ信、惟レ義、醇厚俗ヲ成《こ》シ、華ヲ去リ、実ニ就キ、荒怠相誡メ、自彊息《や》マサルベシ」と仰せられた。これを裏返せば当時の実情が判明するわけである。

もう一還暦遡ると、弘化四年（一八四七）、嘉永の前年で、その前年の丙午からようやく諸外国との交渉が頻発して、物情騒然となった。春には信州に大地震があった。もう一つ遡ると、天明七年（一七八七）。前年の丙午に悪名高かった田沼政権が没落し、この年松平定信《さだのぶ》が総理となって、思いきった革新政治を宣言した。

中国・韓国の丁未史実

シナでも「丙午・丁未」という成語があり、古来内憂外患の年として警戒されている。宋の洪邁（容斎）の「容斎随筆」にも、「丙午丁未の歳、中国此れに遇えば、輒《すなわ》ち変故有り。禍、内に生ずるに非ざれば則ち夷狄《いてき》外侮す」と言っている。中国文化大革命と称するこの頃の中共大騒乱は、まさに中国の内禍外侮のはなはだしいもので、この中共に操縦される日本政界の黒い霧ならぬ赤い霧で、まったく霧中にある日本の売国的勢力も笑止千万であるが、大いに警戒せねばならない。

韓国でも丁未といえば、少しく歴史を知る者はすぐに有名な「丁未禍」というものを想起する。この丁未が一五四七年、日本では天文十六年、李朝第十三代明宗の二年で、先代仁宗に登用せられたいわゆる士林の名士たちが、その前乙巳・丙午の年からの反対勢力によって大粛清を蒙り、死刑・流竄二十余名に上って、復《ま》た再起し得ない打撃を蒙った。

歴史を点検していると実に感慨無量である。物質的・機械的な面を見れば、時代の変化はいかにも著しいが、人間社会の心理的政治的方面はいっこう変わることもない。中共昨今の騒乱など、いかにも物珍しく取り扱っておるが、歴史に徴《ちょう》してみれば、ありふれたことで、共産主義者なるものの平凡と愚劣とを改めて味識させられるにすぎない。イデオロギーというものの呪縛から、思想家なる者ももうぼつぼつ覚めねばならぬ時であると思う。

人間の不明

終戦の十年前、米国外交界の耆宿《きしゆく》であったJ・マクマレーの覚書の中に、「たとえ日本を抹殺することができるとしても、それは極東乃至世界にとって利益にはならないであろう。単に新たな緊迫状態を作り出し、日本に代わって帝政ロシアの後継者ソ連を極東支配の後継者として登場させるにすぎない」と断定している。ファッショやナチスに対する恐怖と憎悪に駆られたルーズヴェルト大統領にこの冷静な達識がなかったことは、アメリカの不幸であったと同時に世界の不幸であった。戦時中ソ連の巧妙な工作もきいて、アメリカ国内に親ソ的空気が濃くなったことは周知のことであるが、ルーズヴェルト大統領自身、スターリンをアンクル・ジョー、すなわちジョー伯父さん（スターリンの全称はIosif Vissarionovich Stalin）と呼び、その親称が広く国内に流行していたことも事実である。

チャーチルはさすがに炯眼《けいがん》であった。彼は一九四五年五月十三日、対独戦勝放送で、「もし法と正義が支配せず、全体主義あるいは警察国家がドイツ侵略者に取って代わることがあれば、ヒットラー徒党を罰したとてなんの意味もない」と断言した。その回顧録にも、「大同盟を結んでいた共通の危険という絆は一夜にして消え去った。私の目にはソ連の脅威がすでにナチスという敵に取って代わっていたのである」と書いている。ルーズヴェルトとチャーチルはこの点で合わなかった。次のトルーマン大統領も、アチソン国務長官、マーシャル元帥も同様にして中共というもの、毛沢東というものを知らなかった。そして蔣介石より毛沢東に好意を寄せた。今日の米中関係を見る時、真に感慨に堪《た》えないではないか。そのソ連も中共もわが日本と過般の大戦においてどういう始末であったか、今さらここに論ずるまでもない。

恩讐をあまり分明《はっきり》させることは有道者の見ではないといわれる。まさにそうである。怨を忘れるということは善いことである。しかしそこには内に洗練された智慧と自信とがなければならぬ。相手にもそういう因縁を離れての人間的長所が認められねばならぬ。そういうものが何もなくては、ただ泣き寝入りというにひとしい。卑屈な偽善的自己欺瞞に堕してしまう。なぜ吉田松陰は斉の魯仲連をあんなに推称したか。それは魯仲連が卑屈な偽善的妥協を断乎として斥《しりぞ》けたからである。

（「師と友」昭和42年2月）

果断・果決すべき年

内憂外患の丙午・丁未の年

昔からシナではこの丙午と、今年（昭和四十二年）の丁未（ひのと・ひつじ）とを合わせて、「丙午・丁未」の年と言って、内憂外患の年として誡め、忌み嫌っておる。朝鮮では、丙午もさることながら、今年の丁未の方をより嫌って、「丁未禍」という成語さえできておる。これは理由のないことではないのでありまして、丁未は六十干支の中でももっとも特異な意義を含んでおる。すなわち物理学上の言葉で言うと、シンギュラー・ポイント（特異点）の年回りになるわけであります。それだけによくこの丁未の意義を知り、かつ善処しなければ、いろいろ容易ならぬ問題・災禍が発生してくることも考えられるのであります。

丁の意味

そこで今年の「丁未」でありますが、まず干の「丁」は、一と亅とからできておる。一は従来の代表的な動きがなおまだ続いておることを表し、去年の丙の上の一の続きと解してよろしい。亅はその在来の勢力に対抗する新しい動きを示しておる。つまり「丁」という字は、新旧両勢力の衝突を意味しておるわけであります。だから丁が在来の勢力を意味する時には、さかんと読み、壮丁などという熟語もある。説文学から言うと、一は木の上層部、枝葉、亅は幹であります。

未の意味

同様に支の「未」も、これは上の短い一と木とから成っておって、一はやはり木の上層部、すなわち枝葉の繁茂を表しておる。ところが枝葉が繁茂すると暗くなるから、未をくらいと読む。未は昧に通ずる。つまり支の「未」は、暗くしてはいけない、不昧《ふまい》でなければならぬ、ということを我々に教えてくれておるのです。茶道で名高い松平不昧公（江戸後期の出雲松江藩主）の「不昧流」の境地は、そういう繁茂した枝葉末節をはらい落として、生々たる生命を進展させるところにあるわけであります。

そこで丁未の年は、好むと好まざるとにかかわらず、在来の勢力と新しい勢力とが衝突するのですから、いろいろ煩わしいこと、よくないことを思い切ってはらい落とさなければならない。それをやらぬと、在来のせっかくの勢力が昧《くら》くなる。禅に「不昧因果」という公案がありますが、在来の勢力を昧くしてはいけない。昧くすると、来年は「戊申」になって、いよいよ手がつけられなくなってしまいます。

丁未の意義

史実に見る丁未の年

これを史実にみると、一還暦前の丁未は明治四十年（一九〇七）であります。三十七、八年の日露戦争による疲労やら、勝ったという驕りやら、弛みやら、あるいはそれから生ずるいろいろの争いやら、何やらで、とにかく前年からこの年にかけて、民心は消費景気に浮かれ、いよいよ頽廃・堕落していった。この年の国家予算は確か前年の三倍に膨脹し、労働争議は明治史を通じてもっとも頻発しておる。また平和論のようなものがむやみに流行するようになったのもこの年であります。そうしてとうとう政府も手に負えなくなって、翌四十一年、みなさんもご承知のように明治天皇にお願いして、「戊申詔書」を渙発していただいて、ようやく抑えがきいたのであります。これは裏を返せば、それだけ人の心が荒みきっておったということです。

もう一つ遡った丁未は弘化四年（一八四七）。フランスだの、ロシアだの、といった西洋諸国による働きかけによって、日本の国防問題、海防問題が俄然として起こってまいりまして、いわゆる物情騒然となった時であります。いろいろと事件もありましたが、中でも春には信州に大地震が起こっております。

そのもう一つ前の丁未は天明七年（一七八七）。この年、悪名高かった田沼政権が没落して、白河楽翁・松平定信がその後を承《う》けて組閣し、有為なる青年人材を抜擢登用して、幕政改革に乗り出しておる。白河楽翁などというと、相当な年輩のように想像するのですけれども、このとき定信は年わずかに三十歳でありました。

こういうふうに丁未を歴史的に辿って、さて翻って本年のわが国の実情を点検いたしますと、その前途はまことに多事多難でありまして、まさに丁未の干支の教えるとおり、よほど思い切って果断、果決をやらなければいけません。

張景恵の見識

どうも日本という国は昔から、運がいいというか、天佑神助がありすぎる。さすがは神の国だと思うのでありますが、これも帰するところは天皇陛下のおかげであります。あの明治維新の時でも、もし天皇陛下がおられなかったら、本当に日本はどうなったかわからないのであります。

戦争中のことでありますが、こういう話があります。元軍人で、終戦後エチオピア皇帝の顧問になった池田純久氏が、満州へ行った時に、張景恵総理（満州国最後の総理）に会った。張景恵という人は、馬賊出身の豪傑でありますが、なかなか大した見識を持っておった。その張総理に池田さんが「日本人の政治はどうですか」と言って訊ねたところが、「日本人のやることはうるさいね」言うた。確かにそのとおりで、日本人は何かというと、会議を開き、法律を引っ張り出して議論を始める。それで向こうの連中は日本人のことを法匪と言うておった。「それではどうすればよくなりますか」「二、三べん戦争に負けることだね」「二、三べんも負けたら日本はどうなると思いますか」「いや、心配せんでもよろしい。日本は必ず栄える。ただしそれには条件がある。天皇陛下を大事にすることだ。天皇陛下を粗略にするようになったら、日本もおしまいだね」。これを聞いて、池田さんも思わず襟を正したということであります。

さすがに張景恵ですね。よく真実を見抜いておる。ああいう終戦という危機一髪の際にも、陛下のご詔勅によって、一斉に干戈《かんか》を収め、無血の平和を招くことができました。その後も幾度か天佑神助がありました。例えばインドネシアの共産革命にしてもそうです。もしあのクーデターが成功しておったならば、おそらく極東は大変なことになったでありましょう。それがああいう危機一髪というところで失敗したために、我々は本当に息をつくことができたのです。その次はご承知の中共の騒動であります。他国の騒動を喜ぶなどというのは、日本人としてまことに男らしくないのですけれども、日本にとってはもっけの幸いというものです。騒動が起こらずに、彼らが一致団結して対日工作に熱を上げてきたら、それこそ厄介なことになって、我々は落ち着いておられぬところであります。まあ、この間に大いに丁未の年らしく、その重大な意義を知って、態勢をたて直し、禍を転じて福となすように持ってゆきたいものであります。

ところがどうも中共に関することとなると、日本のジャーナリズムをはじめ、いわゆる知識人といった連中は、興味本位でなければ、阿諛《あゆ》迎合した報道しかしないといった調子で、真実を観察してこれをわが事として省みることをしない憾《うら》みがある。だから今度は文化大革命のような異変が起こると、ある者はさらに興味本位に報道する。ある者は周章狼狽して、林彪《りんぴょう》・江青の勢力が伸びるか、実権派が勢力を盛り返すか、それとも周恩来《しゅうおんらい》の天下になるのなら、今のうちに手を打っておかねばならぬなどと、もう浅ましいと言うか、情けないと言うか、正月以来目にし耳にすることが本当に苦々しく思うことばかりです。

ところがそういうところへ香港の学友から、本当にわが意を得たりと思う手紙がまいりました。簡単に内容をご紹介しますと、こう書いてある。――今度の騒動は確かに動乱ではあるが、それはマルキシズムという外来のイデオロギーによってつくられた中共政権の中の内乱であって、本当の意味における中国民族の内乱ではない。今、時を得ておるように見える連中も、毛沢東の没落と共に容易に転覆する運命にある。ことに中国の歴史をみればわかるように、江青のごとき妖婦が陣頭指揮をやるようになったら、もう明らかに政権としては末期的現象であるから、少しく長い目でみておると、やがて主流派も実権派も共に壊滅する時が来る。その後に初めて中国民族本来の内乱が起こり、やがて中国の土壌生え抜きの人物が現れて、真の革命政権を樹立するということになる。だからこの際日本は、軽挙妄動することなく、落ち着いて形勢を観察しなければならない――。

確かにそのとおりですね。これは我々に対して大きな警告を与えておる。日本人はこういうことになると、無知というのか、まったくわからない。わからないから軽挙妄動する。そういうところに今日の日本人の大きな弱点があるのであります。したがって丁未の今年は、その干支の教うるところにしたがって、そういう弱点やら黒い霧やらというものを思い切って刈り取り、従来の好ましい勢力が伸びてゆくように、国民の一人一人が努力しなければならないと思うのであります。

戊　申　——昭和四十三年

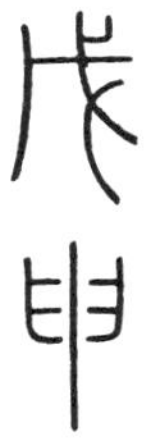

内憂外患がさらに紛糾する年

戊は「つちのえ」。茂に同じ。前の丁に続き、陰陽繁雑する意。申は伸に同じ。未に続いて陰気の伸びる意。丙午《へいご》・丁未《ていび》の後、内憂外患さらに紛糾するを暗示する。

今年（昭和四十三年）は戊申《ぼしん》（つちのえ・さる）の年であります。

干支というものは、たびたび申し上げたことでありますが、天文学、考古学、暦学上の重大な問題でありまして、その意義・価値については、現代の日本人よりはかえって西洋の歴史家、特に考古学者、天文学者等が興味を持ち、これを見直して重用しておる。暦学や、それに基づくいろいろの説が民間に普及しますと共に発達し、日本にも陰陽五行思想とか、陰陽道・讖緯《しんい》説というようなものも流行しました。安倍《あべ》晴明などみなさんご承知でありましょうが、その道の大家であります。そして昔ほど民衆の経験に基づくいろいろの生活指針として、また政治の上においても大問題とされていました。昔は年始に政府は暦を国民に頒ったものであります。古代は農耕時代でありますから、国民はこれによって一年中の生産計画が立てられる。国民の生産計画を立たせることによって、国家・政府の行財政計画もまた立つわけであります。

戊申の意義

戊は茂で、樹木が茂ると、風通しや日当たりが悪くなって、虫がついたり、梢《うら》枯れしたり、根上がりしたりして、樹がいたむ、悪くすると枯れる。そこで思い切って剪定をしなければならぬ、というのが戊の意味であります。申は伸と同じで、のびるという意味であります。戊と関連して、善悪両方の意味においていろいろ新しい勢力、動きというものが伸びてくることを表す。そこで「戊申」というのは、現実に紛糾してくるさまざまな勢力・動きというものを果断に処理してゆかなければいけない、ということを意味するわけでありまして、これをやりませんと、その後の「己酉《つちのととり》」「庚戌《かのえいぬ》」というふうにだんだんと騒乱・変革に入ってゆく年回りになる。

それは今日でも当てはまるのでありまして、昭和四十三年の今年をなんとかしないと、四十四年、四十五年は大変なことになる。左翼過激派の連中は、四十五年に変革を断行する、というので今から予行演習を盛んにやっておりますが、本当に大騒動になる。来年は東京都議会の選挙がありますが、もしこの選挙に自民党が都知事選のような失敗をやるとすると、それこそ容易ならぬことになる。たちまち教育委員だとか、公安委員だとかいうような重要なポストが麻痺して、東京は昭和四十五年には混乱に陥るでしょうし、さらに翌年の庚戌の四十六年には都知事の改選ということになって、いよいよその運命が決するということになりかねない。みなさんはご承知ではないでしょうが、モスクワからの日本向けの放送によりますと、プラウダの記者と会談した都知事は、実に思い切った革命的言論を吐いておる、「自分は日本に人民戦線を発展させるために、社会党、共産党を地盤にして出たのである」と。つまり日本の革命を推進するために出たのだ、とはっきり言っておるのであります。こういうことがどんどん進んでゆきますので、戊申という年は、干支が教えるとおり、よほど国民生活、国政全般にわたって勇断果決が行なわれないと、本当に大変なことになると思います。

歴史上に見る戊申の年

そのことを歴史が例示しておりまして、今から六十年前の戊申という年はちょうど明治四十一年であります。この明治四十一年の戊申の年が、昭和戊申の切実な参考になる年であったということです。民族的エネルギーとでもいうべきものが最高潮に達したのが日清・日露、要約すれば日露戦争でしょう。この日露戦争に日本は民族の全精神・全精力をこめて、辛うじて戦い勝ったわけです。しかし日本軍が制圧したのは遼東半島の一角でありまして、大ロシアからいうならば、足の先ほどのところであります。もしロシアが国をあげて日本のように一致団結し、国民精神も高潮し、したがって国家政治も立派に行なわれておったならば、勝負にならなかったかもしれません。もっとも初めから戦争にもならなかったかもしれません。

これは過去のことであるから、今論じても仕方がありませんが、ちょうどその時先方は一面今日の日本を思わせるような、いわゆるフーリガン hooligan 無頼漢時代でありました。歴史の書物をお読みになるまでもなく、ちょうどこの頃の日本の堕落・頽廃・無法・無軌道ぶりのロシア版とお考えになると、そっくり当てはまる。あるいは彼の当時の歴史的事実、情勢が気味悪いほど今の日本に当てはまると申してもよろしい。そういうロシアの実情でありましたから、これも日本に幸いして、とにかく日本は勝利の形を以て戈をおさめることができました。国内ではそれこそ小学校の生徒に至るまで興奮しました。まして局に当たる人々は、全身全霊をこの戦に打ち込んだのでありまして、総参謀長の児玉さんの如きは、この戦争のために全力を傾注して最後には虚脱された。戦後は廃人であられた。これはまあ男児の本懐とも言えましょうが、悲劇には相違ない。したがって首相とて然《しか》り。桂首相、さしも練達の士も疲労困憊《こんぱい》しまして、食物も咽《のど》を通らぬ。夜も眠れぬという状態に陥ったのを、あの大先輩の山県さんたちが、たいへん心配して、なんとか日常飲食の心配りから始めて細かいところにゆきとどくようにあのお鯉という婦人を選んで世話させたのであります。後になって取り沙汰するのとは当時まったく違った悲劇的情況であります。

そういうふうに国を挙げて民族の精神・精力を尽くして戦い、幸いに勝利の形でおさめることができた。そのために戦後になると、やれやれよかったという弛み、人間はこういう緊張と努力の後に、反動的な弛みがきますと、それまで克己自制しておったいろいろの欲望や妄念、あらゆるよからぬものが反動的に起こってくるものです。それが明治三十九年、四十年とだんだんひどくなりました。とにかく朝野を挙げて頽廃し、世相には眼に余る混乱を生じたのであります。

戊申詔書

それがもっともひどくなったのが明治四十一年の戊申の年でありまして、昔からの歴史的事例に徴《ちょう》しても、戊申の年はとかくそういう複雑多難な年であります。それから戊申という干支の文字の示す意味もまたそれを表しておる。上の戊は茂であり、枝葉の茂り、事態の末梢的紛糾を示し、下なる申は伸で、新しい力の伸展・チャレンジを表します。つまりこの年は時勢変化の紛糾とこれに処する革新的英断を啓示するものであります。明治四十一年戊申の年の春には西園寺内閣が倒れまして、次いで第二次桂内閣になったが、この頽廃紛糾した時勢に対して深憂のあまり、ついに明治天皇にお願い申し上げて戊申詔書の渙発を願ったのであります。そして辛うじてこれを引き締めました。
「宜《よろ》しク上下心ヲ一《いつ》ニシ、忠実業ニ服シ、勤倹産ヲ治メ、惟《こ》レ信、惟レ義、醇厚俗ヲ成シ、華ヲ去リ、実ニ就キ、荒怠《こうたい》相誡《いまし》メ、自彊《じきよう》息《や》マサルヘシ」。

私共まだ小学生でしたが、この年になっても覚えておるのですから、とにかく国を挙げて上は内閣から、下は小学校に至るまで、みなこれを暗誦したものです。この言葉を引っくり返したら、その時の世の中の実態が出てくるわけです。「宜ク上下心ヲ一ニシ」というのだから、上下心を一にしておらなかったことがわかる。忠実、業に服しておらなかった。勤倹、産を治めておらなかった。贅沢をして、それこそたるんでおった。そして、惟レ不信、惟レ不義だったに相違ない。「華ヲ去リ、実ニ就キ」だから、徒《いたず》らに華美に走り、実を失い、荒《すさ》み怠けて、勤勉努力などしなくなったのです。やはりレジャー、バカンスを競っておった。まさにこの戊申詔書のお言葉を裏返せば、その時の実情がありありと出てきます。それを実にみごとに把握して引き締められた。これをみなが拝誦し、暗誦してどうやら正気に返ったのでありますが、実はその後だんだんゆるんで、明治天皇の崩御と共に、世界の皮肉な、あるいは炯眼《けいがん》な連中が「もう日本はこれからだめになるぞ」と評しだしました。その代表はロンドン・タイムスであります。明治天皇の崩御のすぐ後に、「これより日本は下り坂に向かうだろう」と論説に書いて、日本人はひどく憤慨したのですが、実情はそのとおりになったのであります。

松平定信の願文

もう一つ前の戊申は嘉永元年（一八四八）であります。その年から急に諸外国が日本に取りついてきて、物情騒然となりました。その前は天明八年（一七八八）であります。前年の天明七年には、腐敗と汚職と放漫政策で有名な田沼内閣が倒れて、松平定信《さだのぶ》が登場しております。そして翌年の戊申正月二日に、定信は決死の覚悟で本所の吉祥寺に微行して、実に肺腑をしぼるとも言うべき願文を納めておるのであります。もちろん当時は誰にもわからず、後世、寺の古文書の中から発見されたわけで、専門家に非常な感動を与えたものであります。

天明八年正月二日松平越中守義、一命に懸け奉《たてまつ》り、心願仕《つかまつり》候《そうろう》。當年米穀融通宜《よろ》しく、格別之高値無之《これなく》、下々《しもじも》難儀《なんぎ》不仕《つかまらず》、安堵《あんど》静謐《せいひつ》仕り、並《ならび》に金穀御融通宜しく、御威信御仁恵下々へ行届《ゆきとどき》候《そうろう》様《よう》に、越中守一命は勿論、妻子の一命にも奉懸《かけたてまつり》候て、必死に奉心願候事。右條々相調《あいととの》はず、下々困窮、御威信・御仁徳行届かず、人々解體仕候義に御座候はば、只今之内に私死去仕候様に奉願上候。生《いき》ながらへ候ても、中興の功出來仕らず。汚名相流し候よりは、只今の英功を養家の幸、竝《ならび》に一時の忠に仕候へば、死去仕候方、反つて忠孝に相叶《あいかな》ひ候義と奉存《ぞんじたてまつり》候。右の仕合に付《つき》、御憐愍を以て金穀融通、下々困窮に及ばず、御

威信・御仁恵行届き、中興全く成就の義、偏《ひとえ》に奉心願候。敬白（著者訓点）

これは松平定信が田沼失政の後に三十の若さで宰相の大任に当たり、国政の救済を念願して、天明八年年頭、自ら秘かに本所吉祥院に詣でて納めた願文である。儒家に殺身成仁あり。仏家に焼身供養あり。これは宰相懸命の祈願。世に貴いものである。

この願文は要するに「この難局に当たって、時世を救わせていただきたい。そのためには私の一命はもちろんのこと、妻子の生命をもかけてお願い申し上げます。もしこの願いがかなわぬものならば、生きてこの時世を見るにしのびませんから、どうか一日も早く私を死なせていただきたい」という実に切々たる願文でございます。こうして寛政の改革が天明八年から始まっている。これが天明の戊申です。

そういうふうに「戊申」という年は実に勇断果決を要する年であります。この年のやり方いかんによって、その後の国家的、国民的運命に重大な影響のある年である、ということをご承知おき願いたいのであります。

大安

暦にも、いろいろと学問的に正しい意味と、長い間にわたって民間に伝えられるうちに、さまざまの俗説が交じっておかしい意味のものになったものもあるけれども、今、申し上げましたことは厳然たる真理であります。しかし「婚礼は大安に限る」などと言うのは大きに間違っております。あれは「大いに安んぜよ」、あの日は静かにじっとしておれということであります。それを大安と書いてあるから、なんでもいい日だと考えて、競うて大安の日に結婚式をやる。そして新婚の夫婦が何組も飛行機が墜ちて死んだ、大安もあてにならぬなどというのですが、本当はそんなことを考える方が見当ちがいで、迷信の著しいものであります。

新旧勢力決戦の年

そこで今年を実際に観察いたしますと、まず在来の主流と申しますか、主潮と申しますか、代表的な動きというものはどういうふうに変わってきておるか、ということであります。戦後、進駐軍の行なった占領政策にもよりまして、およそ日本の歴史的・伝統的なものはなんでもみな排除し、否定する。唯物史観・階級闘争史観というようなものが一世の思潮を代表する。したがって歴史なども、人物を抜きにした人物不在の歴史が流行し、文字や国語も軽蔑されて、まったく混乱に陥る。そして日本人やらどこの国の人間やらわからぬような人間、思想、議論が久しく流行してまいりました。ところがここ数年来、ちょうど嵐の後の濁流も、時が経《た》つにしたがって次第に澄んで、落ち着いてくるのと同じように、この時世もだんだん理性を回復して、本来の姿に返ろうとする機運・機縁がやや目につくようになってまいりました。

そしていつ頃からともなく、「日本人は日本の歴史・伝統を正しく見直そうではないか、いや、見直さねばならない」と言われるようになりました。それにつれて歴史も、やはり人物というものが大切である、いろいろの意味において大事な先賢・先哲・先人を研究しなければならない、というので人物伝、あるいは人物を主人公にした小説だの、劇だのというものが現れてくる、むしろ流行してきた。それと共に歴史上の古典が出版され、それも日本の古典ばかりでなく、シナ、ギリシャ、ローマなどの古典まで出版界を賑わしている。今日になっては、もはや日本の出版界の一番代表的なものは何かと言うと、古典出版ということになります。そういうことで時世もたいそう変わってまいりました。それが戊申で言いますと、よい方の申であります。したがって今年はそういう正しい民族本来の思想、あるいは人物・行動というものが、今後も盛んに伸びて、代表的なものになってゆくかどうか、従来の濁流・激流が圧倒的で、せっかく台頭してきたこの新潮流、望ましい力が負けるか、勝つかという境目になる。これが今年昭和四十三年戊申のありのままの姿であり、事実である、かように信ずるのであります。

文明国民への警告

また毎年私は年頭所感として、内外の目に映りましたこと、耳にしたこと、あるいは自ら感じました著しいことのいくつかをご紹介するならわしになっておりますので、本年もその中の二つ三つをかいつまんで、ご披露しよ

う と思います。

一つは、最近のあらゆる分野の学問が、たいそう変わってきた、というよりあらゆる分野における新しい発表・学説・言論などが、我々の良心・良識、特に東洋の民族的・伝統的な学問・信念を裏づけするようなものが、おいおいに出てきたということです。難しく言うと、思想・学問上の「東西の融合」といったものが実に多い。したがって我々としてはまことに興味津々たるものがあります。例えばルネ・デュボスという生理学者。抗生物質の研究で世界的に有名な人であります。師友会でもだいぶ紹介しました"MAN, THE UNKNOWN"（邦訳名『人間・この未知なるもの』）という名著で名高い、ノーベル賞受賞の医学者であり、哲人であるアレキシス・カレル亡き後、まず指折られる碩学であります。この人が今日の文明および文明国民に痛切な警告をしておる。それは「現代の文明人、特にこのエリートたちは、果して自ら創った文明を担ってゆけるかどうか。自ら創ったものによって自ら損なわれることがありはしないか。これは真剣に考えなければならぬことである」というのであります。

ご承知のように人間の身体というものは、実に複雑微妙な順応調節の機能から成り立っておる。それが狂ってきた時に疾病となり、死となる。ところが今日の文明国民、特にエリートほど、その点において危険を冒しつつある。例えば近頃は海外旅行がたいそう盛んで、また職業的にも飛行機で世界中を飛び回っておる。朝、東京を発って、数時間ほど飛ぶと、カリフォルニアへ行く、香港へ行く、ベトナムへ行く。あるいはその足でさらにビルマ（ミャンマー）にも行けば、インドネシアにも行く。その足でまた日本に飛んで帰ってくる。そして至るところでその土地土地の物を飲み食いする。ところが今、仮に朝東京を発って、一路シンガポールに着くとする。本人の身体そのものはとんでもない経度・緯度の違うところに行っておる。しかし身体の内部はまだ東京の身体のままである。それがさらに飛んでビルマに行ったとか、インドネシアに行ったとする。身体の中はますます混乱を来《きた》すばかりである。そのうえ至るところで飲んだり食ったりするのだからたまりません。

そもそも人間の飲食というものは、その人間が住み慣れたところにできる、季節の物を摂取するのがもっともよい。これは西洋の医学・生理学などの一つの結論であり、また東洋医学では昔から主張されてきておることであります。住み慣れたところにできる季節の物を食ったり、飲んだりするなどと言うと、そんなけちなことを言っておってはだめだとか、古くさい非科学的なことだとか、と今までは言われ、また考えられておった。ところが世界でもっとも進歩した医学者・生理学者が、結局それが人間に一番よいのだ、という結論に到達したのです。つまり何千年か前に言われていることを、また何千年か経って証明したわけですね。一種の真理の再発見というか、真理そのものは変わらないのです。

それから言うと、文明国民、そのエリートほど、この真理を無視した生活活動をやるわけです。だから身体は滅茶苦茶になる。五体違和になる。結局トインビーやシュペングラーといった人々がかつて論じ、また現代も論じ、かつ憂えられておる、人類ないし民族興亡の法則というものが、またしても今日の代表的な文明国民に適用されて、「文明国民ほど早く亡びる」ということになる。したがってこれをいかにして新しい文明国民らしく克服するか、ということを我々は慎重に考えなければならないのであります。

こういう厳粛な、卓抜な議論・警告であります。これこそ本当にお互い年頭に当たって反省し、考慮しなければならぬことであります。それを思うと、やはり学問をしなければならない、学問は真理に帰する、という感を深くしたのであります。真理に、道に、東洋も西洋もない、古《いにしえ》もなければ今もない。あるものはただ変化だけである。造化という言葉をしみじみ味わったわけであります。これが申し上げたいことの一つ。

それからもう一つ、この間面白い報道が意外なところからありました。それはヴィクトール・フランクルというオーストリアの名高い学者、精神病理の大家のことであります。この人は第二次大戦の時に、ナチス・ドイツがポーランドを侵略し、ワルシャワの西南方、アウシュヴィッツの捕虜収容所に大量のユダヤ人を逮捕して、惨澹たる虐殺をやりましたが、その時に奇跡的に生き残ったのがこの人なのであります。

ユダヤ人の虐殺はドイツばかりでなく、同時にソ連もやったのでありますが、なにぶんソ連は宣伝がうまいので、ナチスのやったことだけが大々的に伝えられておるわけです。彼らはこれをいろいろの秘密兵器の実験に使った。その一つに恐るべき毒ガス弾がある。これは人間の自律神経を壊す恐るべき毒ガス弾でありまして、これにやられると、人間の体内の水分が全部蒸発する。目と言わず、口と言わず、鼻と言わず、全身の毛穴から水分が出て、からからになって渇死する。これは殺し方の中で一番むごい、残酷な殺し方であります。幸いにしてナチス・ドイツ軍は実際にこれを使うことなくして亡んだ。またベルリンに踏み込んだアメリカ軍もソ連軍も、共に相約してこれを廃棄処分にし、今後もこれを造らないということになっていたのでありますが、いつの間にかソ連はその約束を破って、秘かに造っていた。そして昨秋のアラビアのイエーメンの革命に、アラブ側を通じてこれを提供して実験した。今、これにやられて生き残った惨澹たる被害者を極秘に治療しておるのであります。やれ、解放とか、革命とかと言って何も知らない甘い者が大いに魅惑されておるソ連も、現実にこういうことをやっておるのですが、いまだに日本人は島国の中のお人好しというのか、そういう事情をほとんど知らないのが常であります。

それは余談でありますが、その全部が虐殺された中で、奇跡的に生き残った幸運の人が、このフランクル教授であります。こういう場合、たいていの人はもう精根つきて死ぬのでありますが、彼は生き残ったばかりでなく、今日、オーストリアで精神病理の碩学として、また一己の哲人的学者として世の畏敬を受けておるのであります。私も幾度かこの人の意見や消息を読んだり、聞いたりして、秘かに関心を寄せておったのですが、この人をその宗教史学者が訪ねて対談しておる。そしていろいろ当面の問題から始まって、人間の問題に移りました時に、彼はこういうことを言うております。

すなわち「現代の人々の最も重大な誤りの一つは、むやみに享楽や幸福を追求することである。いかに生きるかということは、いかに楽しむかということであり、それを人間の幸福と考えて、要求して已《や》まない。苦労とか、犠牲とかいうものをまったく知らない。しかし本当の幸福、楽しみはさようなものの中にない。長い目で見ているとことごとく逆になる。人間の真の楽しみ、真の幸福は、むしろ進んで自己をなにものかに捧げ、なにものかの犠牲にすることによって得られる。こんなささやかな、つまらない問題になんの意義があるか、そんなことをしたってろくなことはない、などとせっかくの善事を馬鹿にして、行なわないことが多いが、その人間の行なうことがどんなにささやかに見えても、それがどんなに大きな影響があるか、これは量《はか》り知るべからざるものがある」という、いわば因果応報の神秘な理を彼は諄々《じゅんじゅん》として説いておるわけであります。

これはわが意を得たと申しますか、本当に感動を懐《いだ》かせられました。近視眼者流は簡単に原因・結果を結びつけるのですけれども、論理学のようなものでさえも、これについてちゃんと法則を立てておる。それは「plurality of causes and mixture of effects」と申しまして原因の多様性と結果の複雑性というのがそれでありまして、人間世界の原因は複雑であり、それがどういう結果を生ずるか、これまた容易に解すべからざる微妙なものである。因果というものは浅はかな人間の考えではとうていわからない。ただその中の誰にでもわかるようなものを一つとって原因とし、目につくものを拾い上げて結果として、これを結びつけて何の原因で何の結果が生じたと説明するのだが、これは簡単な便宜の手段にすぎないのであって、本当の原因はどれくらいあるかわからない。同時に本当の結果はどれくらいあるかわからない。

因果というものは実に複雑微妙、量るべからざるものである。したがって我々は常にどんなことでも真剣に考えて、どんなことでも長い目・大きな目・深い目で見て、それに対処しなければならない。おおざっぱな、おろそかな、わがままな理屈はだめである。これはとかく簡単に物事を割り切りたい今日の日本人にとって、本当に反省しなければならぬことだと思うのであります。

唐の太宗と魏徴

今一つ、面白い報道があります。それは昨今行なわれておる中共の文化大革命に関するものでおります。毛沢東を主とする奪権派が次々に有力な人物を引っ張り出しては、これを打倒しておるわけですが、その中に昨年つとにやられた人物に羅瑞卿と並んで陸定一がおります。この陸定一の下に周揚というのがおりまして、これも打倒されました。この二人が文化面、すなわち思想とか、学問・芸術といった面で統制をしておった代表的人物です。ところが昨今発表された打倒の理由なるものを見ると、陸定一は「魏徴《ぎちょう》伝」を書いたからだとされておる。およそ歴史的・伝統的なものはなんでも封建的である、などと言って決まりきったイデオロギーの下に抹殺してきた、その代表的人物の一人がこの陸定一でありますが、その彼が「今日の中国を救うのには、魏徴の精神に返らなければならぬ」と言って自ら「魏徴伝」を書いた。それがけしからぬというのでやられた。実に面白い。

　魏徴という人はご存知ない方が多いかもしれませんが、そういう人でも「人生意気に感ず。功名誰か復《ま》た論ぜん」という文句はおそらく知っておると思う。これは魏徴の作品で、唐詩選の冒頭にある長詩の終りの文句でありまして、古来、日本人でこの詩を誦しない者はなかった。魏徴はまた「貞観《じょうがん》政要」という書物によって有名であります（その主要登場人物の一人。魏徴は唐の功臣）。これは中国の歴史上もっとも偉大な英雄的君主としてうたわれておる、唐の太宗《たいそう》（李世民《りせいみん》）の治政の記録として、古来非常な名著とされまして、日本でも源頼朝がこれを講ぜしめて政治のお手本にしているし、夫人政子はそれを翻刻して出しております。このことを「東鑑《あずまかがみ》」などによって知った徳川家康もまた彼の政治の教科書として、これを講ぜしめておる。そういうわけで日本でも有名な本であります。

その「貞観政要」をひもときますと、唐の太宗という人はよほど英邁な皇帝で、気品や威厳の高い、本当の英雄であったようであります。もう年十八くらいの時には、彼の左右に幾多の人材が集まっておったという。古来、革命・創業の英傑も多いが、これを先にしては「三国志」に出てくる有名な呉《ご》の孫策《そんさく》、これを後にしてはこの唐の太宗など実に劇的でありまして、ともに十代で英雄豪傑を左右において、盟主になっておった。そういう人が皇帝の位についたのでありますから、尋常一様の人物は太宗の前に出ると、ほとんど物が言えなかったということであります。

明治天皇もやはりそういうお方であった。あの維新の横着な重臣たちも、陛下の前ではみな硬くなっておった。伊藤博文なども、陛下の御前から退がってくると、満身ぐっしょりと冷汗をかいておったということであります。外国の使臣など国書を奉呈いたします時に、陛下がお出になると、真っ直ぐに歩いてゆく人はほとんどなかった。まして退がる時にはふらふらになってジグザグしてとんでもない方向に退がったりする者もあったということであります。これはお茶の稽古などされるとよくわかりますね。茶碗を持って真っ直ぐ歩くことは、案外できないもので、みなふらふらする。その英邁な太宗に遠慮会釈なく議論したのが魏徴であります。したがって「貞観政要」でこの魏徴の議論を読みますと、よくもまあ、こんなことを無遠慮に言えたものだ、と思うようなことがずいぶんあります。

この魏徴の精神に学ばなければ中国は救われない、と陸定一は言った。もっとも中国の歴史・伝統を放棄して、マルクス・レーニン主義でやってきた者が言い出したのでありますから、もちろん我々のようには魏徴を見ていない。彼に言わせると、唐の太宗に対する魏徴はその反対派の筆頭である。両者を対抗的存在として見ている。こうなるとイデオロギーなどというものはなんとも厄介な、窮屈なもので、これはまったく屁理屈をこねているのであります。魏徴は太宗に対抗する存在では断じてない。それどころか熱烈な信者です。太宗をなんとかして理想の帝王に仕立て上げたい、という彼の熱血、誠忠が太宗に対する忌憚《きたん》のない意見となり、議論の炎になっておる。それを対抗的存在として見るのでありますから、太宗は寛容と忍耐とをもってよくこれをしのび、魏徴もまたその弾圧を恐れないで、信ずるところ、真理とするところを主張したことになるのでありまして、こういうふうにならなければ中国は救えない、とまことに苦しいというか、こじつけというか、歪曲したイデオロギーで魏徴を説いておる。これが毛沢東に当てこすったものであるというので弾圧された。その前にも「海瑞罷官」と言って、明《みん》末の海瑞という清廉潔白な地方官が辞めさせられたのを作品にした、呉晗《ごがん》という人間も追放されております。

まあ、その内容はともかくとして、あの文化大革命と称して、シナ史上かつてない文化の大破壊をやってきた中共が、あげくの果てに「魏徴に返れ」と言い出すにおよんだというのは、やはり人間は落ち着くところに落ち着く、真理の前にはどうにもならんということでありましょうか。昔、「父帰る」と言って、道楽者の親父が年老いて、結局自分の古女房や伜どものところへ帰ってくる、という菊池寛の小説がありましたが、元に帰るのは父ばかりではない。人間というものは、いくら途中でジグザグしても、最後には必ず帰るべきところに帰る、真理に返る、道に返る、これが真理であり、道というものである。中共の陸定一ともあろう者が魏徴などを引っ張り出してくる、ということに私はたいへん興味を感じたのであります。

もう一つみなさんにご報告したいと思うことは、年末にバンコクで行なわれたアジア国会議員連合の総会のことであります。日本の議員の人々も何人か参加いたしました。

その報告によりますと、この総会も回を重ねるにしたがって、各国代表の議員たちの間になんとも言えぬ親密な雰囲気が出来上がってきたというのであります。というのは今までの国際会議と言えば、大体アジアの国々は低開発国であり、植民地でありましたから、どうしても欧米の音頭取りで、その指導を受けての会合であった。それがこの会議に限っては、本当にアジアの代表者の発議による、自由な協議であって、ヨーロッパ人も、アメリカ人も入っておらない。そのために何とも言えぬ和やかな雰囲気がかもし出されて、和気藹々《あいあい》の裡《うち》に会合が行なわれたというのです。

こういう縁が熟してゆくと、やがてアジア各国の人々による、例えば太平洋連合というようなものがつくられて、アジアのことはアジア人で話し合って解決することができる、という楽しみや希望が持たれる。アジアの各国が集まって、文字どおり太平洋の会議を開くことができる。そういうことが決して空論でなくなってきた。やはりこういうことは人間の理性、人間の道義に俟たなければできないことであります。理論や打算では絶対にできません。人間の打算というものは絶対に一致しないから、「利」ということで集まって議すれば、どこかで必ず衝突する。だから「利」でなくて「義」でなくてはならない。道義的精神によって初めて実現できるのでありまして、そういう機運・機縁がだいぶできてきたようであります。実は私は長い間太平洋連合というものを専門家の間に提唱してまいったのであります。かつて吉田首相がオーストラリアに行かれる時に、これを向こうの首相に打診することをすすめたのでありますが、後で聞くところによると、オーストラリアの首相もたいへん興味を持ったということであります。

今、宇宙開発などと称して、恐るべき戦闘兵器の競争をやっておりますが、ああいうことに要する費用の十分の一、百分の一をかければ、相当な地球開発ができると思うのです。

まだまだ人類はいくらでも地球上に幸福な世界をつくることができる。もし世界に侵略・征服などということがなくなって、そういう疑惑も持たれなくなって、したがって民族が領土的野心など持つことがなくなれば、民族問題も容易に解決することができる。例えば日本のすぐ南の方にニューギニアというところがあるが、ここは日本が失った満州の耕地がすっかり代わるほどの面積があるのです。ニューギニアは本当の virgin soil（処女地）である。こういう未開拓地の開発に関係各国民が協力して、日本が彼らのコンサルタントになってやるとなれば、日本の人口がいくら増えても少しも心配はいらないのであります。

そういう方向へ大きく理想と努力を傾けなければ、日本民族は急速にだめになる。今、真剣に日本の国民生活の内容を検討しますと、決してイギリスを笑っておられません。ごく平和に進んでいったとして、日本は数年のうちに必ずイギリスの轍を踏みます。あれは日本にとって本当によいお手本であって、このままで日本は平和に進むはずはないのでありますす。よほど腹を据えて、政治家も各界の指導者も真剣に考えなければならない。必ず干支の悪い暗示の方、すなわち闘争・混乱という方向に行きます。そうなると、おそらくは悪質の革命に入る可能性の方が強い。それを救うにはよほどの識見と努力がいると思うのであります。

忌憚《きたん》なく言いますと、日本を掌握したものはアジアを支配する。レーニンは「アジアを支配するものは世界を支配する」と言ったが、レーニン以来この点は少しも変わっていないのでありまして、そのアジアを支配せんとするものは日本を支配するに如《し》かず、よく日本を支配するものはアジアを支配する、それは世界を支配する。そこで世界の野心家の代表であるソ連や中共、またその間にはさまって容易ならぬ野心を持っている北鮮等の国々は、なんとかして日本を掌中に握ろうと思っている。これは新聞・雑誌などに発表されるスパイの記事をご覧になっても明々白々でありまして、実にさまざまな対日工作が深刻に行なわれておるのであります。

こういうことを考えただけでも、日本人は本当にしっかりしないと混乱に陥る。これをなんとか救って、日本を万世太平の方向に持ってゆかなければならぬ。政治家はもちろんのこと、各界の指導者の使命・責任はまことに重大で、その大勢はこの戊申の年にだいたい見通しが立つ。私はこういう観察をしておるのでありまして、これに対してよほどひねくれたイデオロギーを持つ者でない限り、異論はないと私は信ずる。どうぞみなさんもご健勝で、この当年の干支のとおり意気盛んに、今年もご活躍願いたいと思います。

己酉 ——昭和四十四年

己酉の解

果して多事多難であった戊申《ぼしん》の年も物情騒然たる中に暮れて、新たに己酉《こゆう》（つちのと・とり）の年を迎えることになった。この干支は何を意味するか。

己の正しい音はキであるが、慣用される音がコである。古代文字は三横線と二縦線との合字己になっており、先秦時代の小篆《てん》になると己と書かれてある。物が形を曲げて縮まり蔵《かく》れた象《かたち》で、外物に対して内なる自身すなわち「おのれ」を表し、五行観では木火土金水で、土が五行の中であり、戊己を土とし、戊を兄《え》、己を弟《と》とするから、つちのとという。古文字の三横線は糸を表し、二縦線は糸を別つ、糸筋を分けることで、乱れを正しておさめる意味、すなわち紀である。己のおのれは他に対して屈曲し、悪《わる》がたまりになり、乱れやすいから、これの筋を通して紀律してゆくべきことを表したものである。私という字のムも曲がりを表し、禾はいねであるから、収穫を曲げてとりこもうとする曲事（ひがごと）を意味し、己私の性向を巧みに表現している。それだから己は悪がたまりにならず紀律してゆくべきことをあくまでも旨《むね》とせねばならぬ。

前年の戊は茂で、しげることであり、それは紛糾と衰敗を意味するから、よろしく剪定《せんてい》賦活せねばならぬ。己はその後を承《う》けて筋道をはっきり通すことである。これに反して利己的に悪がたまりすると、敗を招くことは必定である。「己に克って礼に復《かえ》るのが仁である」（論語顔淵）。「己を正して人に求めなければ怨は無い」（中庸）。「己を正すのみ。小識は徳を傷《やぶ》り、小行は道を傷る」と荘子（繕性）にも言っている。世の指導者、特に為政者はこの己酉の年頭、特に己の一字に蒙を啓《ひら》かねばなるまい。

次に酉《ゆう》（とり）であるが、これは元来酒を醸造する器の象形文字で、醗酵を表している。したがって成る・熟する・飽く等の意となり、時刻では午後五時から七時、季節では仲秋、方位では西方を表す。干は幹、支は枝であり、干を代表とし、支はこれを支え、またわかれる作用を示すものであるから、己酉の組み合わせは時機熟して、己に克ち己を正し、断々乎として道を行なうべき運である。来年は庚、次は辛、更新に通ずる。

漢代以来流行した讖緯《しんい》説は、この干支すなわち年回りによって歴史の変革が定まっているものとし、その小単位を六十年として一元といい、二十一元、千二百六十年を一部《ほう》といい、その初めの辛酉に大革命、甲子に大革令が起こるとした。わが国では聖徳太子がこれによって推古天皇十二年甲子の年に暦法を制定し、遡って九年辛酉の年を日本の第二蔀の一年として、それより一蔀千二百六十年前の辛酉を以て神武建国の年と定められたのである。今日になって、これが史実に合わぬから神武紀元を否定するなどは、文字どおり話にならぬ非常識というほかはない。

さて己酉は辛酉ではないが、己はすでに庚辛に迫り、酉との配合は明らかに準革命を意味すると見ねばならぬ。科学的に見ればさほど問題にすることでもないが、経験的・啓示的には十分意義あることと思う。

（「師と友」昭和44年1月）

革命的機運が醸成される、ただならぬ年

昨昭和四十三年戊申を承《う》けて、四十四年本年の干支は己酉であります。

己の意味

己の古代文字は、秦始皇帝の以前に大体二つある。「」や「」です。

己は、とかくひんまがり悪がたまりになるというのを表しております。元来、糸のかがまりの象形です。「」はこれを真っ直ぐに伸ばすこと、つまり筋道を通す。これが一番古い文字です。すなわち糸のもつれを伸ばして、紀律を正すこと。「私」のつくり「ム」も収穫物を自分にとり入れようとする曲がりの意味があり、同じく筋道を通すべ

きであるというわけです。

酉の意味

酉は酒甕を表し、かめの中に溜まっている麹《こうじ》の醗酵を表す象形文字です。中に醸《かも》されている新しい勢力の爆発、蒸発、これは昔から新しい革命勢力のつくられることを表すわけであります。よって干の「己」が意味するように、紀律を正していかないと事態を悪くするわけです。

そこで、前年の形勢に即して言いますと、物事がうまく伸展しないで、とかく屈曲が多く、利己的になる形勢を表明しております。

こういう情況に処するには、まさに「中庸」の教えのとおり、「己を正して人に求めざれば怨無し」であります。これをまた「荘子」に依ってみますと、「小識は徳を傷《やぶ》り、小行は道を傷る。己を正すのみ」（繕性）と言うております。これでもう十分であります。万事紛糾し、したがってとかく利己本位となり、わがままとなり、ますます情勢事態を悪化させますから、反省と、紛乱を正常に立ち返らせる努力が肝腎であります。

十二支の酉というのは昔から革命の年になっています。「讖緯《しんい》学」と言いまして、シナでは漢の時代から代表的な思考律になりまして、日本でも聖徳太子の頃には支配的な考え方、イデオロギーになっていました。みなこれで考えていました。干でいきますと来年は庚、庚は更に通じ、再来年は辛、辛は新に通じる。庚は革命の始まりで、革命建設が辛になります。十二支からいくと酉が革命の年になりますので、これを組み合せた辛酉を以て革命の年とし、甲子以て革命王朝勢力による新令すなわち革令の年とします。

聖徳太子がこれに則って、推古天皇の十二年（六〇四）、すなわち革令の年であるというので新令を出され、あの名高い太子憲法も出たのです。そこで推古天皇の九年、辛酉を革命の年とし、干支は六十年で一回りしますから、これを一元として、二十一元遡ってすなわち千二百六十年、これを一蔀《ぼう》とし、これをもって神武天皇の紀元元年としたのです。明治政府が紀元節を決める時に、新暦に換算しましたら二月十一日になりました。何も唯物史観の歴史学者が、考古学的に歴史科学的にそんなことがあったとか、なかったとか議論するのは的はずれで、当時の思考律に基づいて決めたものです。

そのように辛酉というものは、日本の歴史でも革命の史実に関係があり、今年は己酉で干支の支の方では革命に入っている。干の己では庚でなく、もう一つ前段階であり、今年うまくやれば、新しい革命的情勢というものを、よい方に、革新政治にもっていける。ぐずぐずしていると一九七〇年、七一年には本当の革命の年になってしまいます。

史実の上でもただならぬ己酉

歴史上の史実を調べますと、二つ前の己酉は明治四十二年（一九〇九）であります。あまりよくない年で、正月早々電車賃値上げ反対で市民大会が行なわれています。また経済界では、大日本製糖の破綻をはじめ多くの倒産が出た年で、七月には大阪に大火があり一万一千余戸を焼失、八月には岐阜大地震があります。十月には伊藤博文が殺されています。清国では西太后や皇帝が亡くなり、宣統帝の即位、中央アメリカの戦争、スペイン内乱、ペルシャ内乱など東西共に多事多難でありました。その頃日本で歌謡、ハイカラ節、自転車節、金色夜叉など流行、こけし代わりのビリケンが名物になったことなど興味津々です。

その前は嘉永二年（一八四九）。その時すでにイギリス船が東京湾を測量して下田に入っております。ペリー来航（嘉永六年）の前です。そこで幕府は大騒動して、各大名に沿岸警備令を出しています。この辺から幕府は動揺し始めたわけです。地方的には加賀一揆とか、広島では打ち壊し騒動が起こり、それが各地に波及した物騒な年です。

もう一つ遡ると、寛政元年（一七八九）。これは干支の理をうまく実践した部類に入りまして、それまでの有名な腐敗政治であった田沼政治を打倒して、松平定信《さだのぶ》が革新政治を断行した年です。前年に彼は幕閣の最高責任者としての地位を確立しまして、改革に着手し、それまでの腐敗政治家を一掃して、みな三十代ぐらいの各藩で英名のあった大名を思い切って抜擢して老中に据え、四十歳を過ぎた人は、たった一人陸奥泉の藩主本多忠籌《ただかず》だったと思います。このように新進気鋭の人物を抜擢登用して寛政の新政をやりました。

もう一つ遡ると享保十四年（一七二九）、この年は関東に大風雨とか、中部・九州（久留米・肥後）至るところで農民一揆が起こり、武士階級も困窮し、米価が下落して米価対策に幕府も苦しみ、人心も頽廃してここに初めて、京都に石田梅巌《いしだばいがん》が心学《しんがく》の提唱を始めました。このように歴史を繰ってみますと、己酉という年はただならぬ年であります。

庚　戌

——昭和四十五年

庚戌の本義

今年の干支は庚戌《こうじゅつ》（かのえ・いぬ）である。支の戌は戊と一とから成り、一は点《丶》すなわち戍（音・ジュ、訓・まもる）ではない。干は幹、支は枝で、生命・創造・造化の過程を表すものにほかならない。その庚は更に通じ、更新を意味し、なおまた継《つ》ぐ・償うの意があり、庚々といえば、明瞭な変化の相であり、確乎たる様である。戊の戊は茂に同じく、一は陽気を意味し、草木茂る中に陽気を蔵するもので、また裁成の意がある。したがって庚戌の年は前年を継いで、その失を償い、諸事更新して確立し、後々に備えて経綸してゆくべきことを啓示するものである。

史実では、近くは明治四十三年（一九一〇）で、しきりに政界に新党ができたり、幸徳《こうとく》秋水《しゅうすい》ら社会主義者が各地で逮捕されたりした。松平定信《さだのぶ》の新政を行なった寛政二年（一七九〇）、北条時頼《ときより》が山僧悪党退治を行なった建長二年（一二五〇）、源頼朝が上洛して覇権を樹立した建久元年（一一九〇）等、いずれも庚戌の年である。ただこの干支の年はいつも風水火災等災害の多かったことが気にかかるのである。

（「師と友」昭和45年1月）

停滞・沈滞を一掃し維新すべき年

庚の意味

今年の干支「庚戌」の「庚」には三つの意味がある。第一は継承・継続。第二は償う。第三は更新。つまり庚は、前年からのものを断絶することなく継続して、いろいろの罪・汚れを払い浄めて償うとともに、思い切って更新していかねばならぬということである。革命 revolution にもっていかずに、進化 evolution にもっていく。これが庚の意味である。

戌の意味

これに対して戌は、戊申の戊に一を加えたもので、茂《も》と同義語。（点の場合は戍《じゅ》、まもるという意味で戌とは別字）。すなわち枝葉末節が茂って、日当たりが悪くなり、風が通らなくなることで、いわゆる末梢的煩瑣とか、過剰を表す文字である。この頃ヨーロッパの思想界・言論界・哲学界などにおいて、文明の末梢的過剰ということがやかましく言われておりますが、ちょうどそれです。枝葉が茂ると木が傷む。そこで植木屋は思い切ってこれを刈り込んで、剪定《せんてい》をして、風通し・日当たりをよくし、根固めをするわけです。そうして初めて木が生きる。これはまだ木にそれだけの生気が残っておるからで、中の「一」はその陽気を表している。それを生かしてゆけばまだまだ続くということです。

庚戌の意義

だから庚戌という年は、「思い切ってあらゆる停滞・沈滞を一掃することによって、今年ならまだまだ維新・一新することができる」ということを意味している。それを怠ると来年は、維新ではなくて破壊を伴う革命に入ってゆく。そこで我々は、私生活にしても、社会・国家生活にしても、今年はよくよく前年を反省し、あらゆる沈滞・怠慢を一掃して、溌剌たる状態にもってゆかなければならない。そういう意気を新たにする姿を庚々と言う。また思い切って枝葉末節・煩瑣を刈り取って、いわゆる簡易化することを戍削《じゅつさく》と言います。現代はあまりお目にかかれない字ですけれども、古典では決して珍しくない熟語です。今年の干支「庚戌」はそういう思い切った戍削をして、庚々意気を新たにすべき年であります。

歴史上の庚戌年

そこで史実に徴《ちょう》しますと、まず六十年前の庚戌は明治四十三年（一九一〇）に当たる。この年ほど庚戌の道理を味識させるにふさわしい年次はありません。例えば政党を見ても、前年から派閥争いが激しくなって、大きくは政友会と非政友会とに分かれ、ことに政権から遠ざかっておる非政友会派が、犬養であるとか、大石であるとか、あるいは島田、片岡、千石等といった豪傑どもが、それぞれ又新会《ゆうしん》だの、戊申クラブだの、というようなものを作って、盛んに分裂・対立しておったのでありますが、ようやくこの年になって、これらの人々が協議して、従来の行きがかりを捨てて、立憲国民党を組織し、派閥解消をやっておる。もっともこれはすぐ分裂してしまいましたが、とにかく年頭、一応派閥解消をやっておるわけであります。またこの年、当時すでに公々然々と世を騒がせておった社会主義思想とその運動に、政府は敢然として手入れし、幸徳秋水等の社会主義者が一斉に捕まって、翌四十四年にはああいう峻厳な刑に処されておるわけであります。

さらに対外的には、明治初年以来日本の悩みであった朝鮮問題に結論を下して、日韓併合を断行した年である。あるいは経済財政の面においては、これも長い間の懸案であった国債引き受けの問題に対して、この年ついに十六の銀行が合同してシンジケートをつくり、国債引き受けに踏み切っておる。言論界・思想界では、みなさんよくご承知の白樺であるとか、芸文であるとか、山路愛山《やまじあいざん》の国民雑誌であるとか、いろいろの新しい動きが俄然として始まっております。白瀬中尉の南極探険が決行されたのもこの年ですし、徳川大尉の初飛行もこの年であった。明治四十三年はそういうきびきびした多彩な年であります。

そのほか遡るといろいろ面白い年があります。松平定信の寛政の改革も、寛政二年の庚戌の年にもっとも活発に行なわれだしておるし、吉宗の享保の改革も、やはり庚戌の年に大きな治績を挙げておるのであります。

反体制的雰囲気の激化

そういうふうに歴史的に見てくると、今年のこの庚戌にいかに対処せねばならぬか、という答えが自ずから出てくるわけであります。りまして、政界・財界、その他果してどれだけ文字どおり庚戌し得るか、まことに興味の深いことであります。これをもし怠ると、いわゆる反体制運動というようなものがいっそう活発に行なわれて、ますます混乱を惹起《じゃき》し、容易ならざる外科手術をやらねばならぬというようなことになるし、これに反して今年成績がよければ、外科手術をせずに、エボリューショナルに処理できる。今年はそういうきわどい年であると言うことができます。

さて、これを世相に徴して見ると、はなはだ穏やかではないのであります。大きなところを申しますと、まず公害の問題です。去年東京の大会でも、また大阪の会合でも取り上げたことでありますが、大都市化・巨大都市化に伴う公害、環境の悪化は容易ならざるところまできておるのでありまして、これはよほど思い切った対策を実行に移さなければ、本当に大変なことになる。すでにアメリカでは、この正月ニクソン大統領は悲痛と言ってよいくらいの意気込みでこの問題を取り上げ、思い切った対策を実行するよう国務省に命令を出しておりますが、日本はそれ以上にやらなければならない状態にあると思う。新聞にも取り上げておりましたが、東京は世界で一番住みにくい都市だと指摘しておりました。したがって、もちろん大阪も例外ではない。あるいは大阪の方がもっと深刻かもしれません。

というのは今朝、高速道路を利用して久しぶりに神戸に向かったのですが、そのスモッグのはなはだしいこと、見渡すかぎり文字どおり暗澹たる空である。帰りは昼頃になったので、いくらか晴れておるだろうと思ったのに、まったく同じことであった。ああいうところに住んでおったら、本当にニクソン大統領の補佐官モイニハンが、NATOの総会で去年の秋報告演説をやりましたとおり、文明民族は遠からず半減する危険が多分にある。しかしこれも決心次第であります。ロンドンのように有名なスモッグの都も、晴天を仰ぐことができるようになり、汚れ切ったテムズ河がきれいになって、魚が遊ぐようになるのですから、決意と実行次第で東京や大阪もきれいにできぬはずはないのです。

日本の政府指導者は、そういう公害問題と今年は真剣に取り組んで、一つ庚々として戌削しなければなるまいと思うのでありますが、しかしこれはなかなか容易ではない。日本人は国民的にもまだまだそういう点に関しては感覚が古く、依然として現相は混沌として頽廃的であり、虚無的であり、否定的であります。したがっていわゆる造反的雰囲気といったものがもっとひどくならぬともかぎりません。

辛　亥　——昭和四十六年

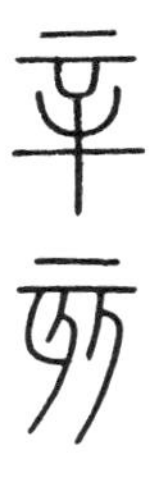

辛亥の真義

今年の干支は辛亥《しんがい》（かのと・い）である。辛は上と干と一の組み合わせで、下なる陽エネルギーが敢然として上に出現する形であり、前の庚を次ぐ革新を意味する（漢代の字書「釈《せき》名《めい》」）。その際、殺傷を生ずることがある（白虎通）。故に斎戒自新を要するものである（漢書・礼楽志注）。

亥は「説文《せつもん》」（註・後漢時代の文字学の大家許慎《きょしん》の「説文解字」）によれば、丄即ち上と、その下に二人と孕を表す文字で、「核なり、百物を収蔵す」（釈名）。「亥は陽気下に蔵す故に該（かぬ・そなわる）なり」（史記律書）で、核時代の今日、何人もすぐに連想のつくことである。林叢の間より突如として猛然突出し来る猪を以て之に当てた俗説は偶々《たまたま》よく適用したものである。亥は起爆性エネルギー活動といってよかろう。

之を史例に徴《ちょう》すると、前の辛亥は明治四十四年（一九一一）で、正月幸徳秋水《こうとくしゅうすい》死刑の事あり、南北朝正閏《せいじゅん》論沸騰し、桂・西園寺会談に始まる政府政友会の提携成立などがあった。シナではいわゆる辛亥革命であり、西ではイタリア・トルコ戦争があった。その前の辛亥は嘉永四年（一八五一）で、水野忠邦死し、国防論が緊迫した。洪秀全《こうしゅうぜん》の太平天国革命争乱（長髪賊）、ルイ・ナポレオンのクーデター等がある。その前は寛政三年（一七九一）で、松平定信《さだのぶ》による改革が進行し、清の高宗の晩年に当たり、フランス革命、恐怖時代に入る直前である。限りない連想と暗示があるではないか。

（「師と友」昭和46年1月）

亥年二月の史実

亥は核である（釈名）。現代的に言えば起爆性エネルギーである。この前の亥年は昭和三十四年（一九五九）。その年の二月には、非核武装問題で国会が荒れた。その前は昭和二十二年（一九四七）。その二月、いわゆる二・一ゼネストが始まろうとしたが、前日ＧＨＱはこれを禁じた。日本農民党の結成（二十五日）、八高線列車転覆事件（同前）等。その前は昭和十年（一九三五）。その二月、社会大衆党が民衆大会を開いて議会即時解散を要求（九日）。神武会解散（十一日）。その前は大正十二年（一九二三）。普選問題で各派大混乱。「文藝春秋」「赤と黒」の創刊等。

さらに亥年を逆に辿ると、明治四十四年（一九一一）二月。普選案、貴族院にて否決。徳冨蘆花一高にて舌禍。明治三十二年（一八九九）二月。「世界史上日本の地位」がフェノロサによって刊行さる。文官任用令等諸法制定。明治二十年（一八八七）二月。徳富蘇峰民友社を結成し、「国民之友」を創刊する。国家学会、大日本婦人協会創立等。明治八年（一八七五）二月。板垣退助ら愛国社創立。英仏横浜駐屯撤兵。税制改革。三菱商会、横浜上海航路開始。東京に女子師範学校創立。

文久三年（一八六三）二月。羽前屋代、肥後天草に一揆起こる。朝廷に国事参政・同寄人制設置。文久通宝鋳造。嘉永四年（一八五一）二月。この年は二回り前の辛亥に当たる。水野忠邦没す。幕府諸寺破戒僧四十八人を日本橋に曝す。——こういうことは別に意味のないことのようで、実はいろいろの興味や連想を生じて面白い。バーナード・ショウの先駆といわれるS・バトラーの名著エレフォンErephonはNowhere（無何有郷）の逆読であるが、干支の逆行は私にとって、もっと面白い。

（「師と友」昭和46年2月）

起爆性エネルギーを孕む年

私はこの正月早々台湾にまいりまして、約半月滞在しておりました。月末帰ってまいりまして内外の時事に注意しておりますうちに、本年が辛亥の年であることに思い及んで、また感慨無量というところであります。

辛の意味

この「辛亥」について説文学的に初めに遡って調べてみますと、まず「辛」という字は丄と干と一とを組み合わせた文字である。丄は上を表し、干は求める・冒す、一は一陽で、陽エネルギーを表し、人間で言えば男性です。したがって辛は上に向かって求め冒す意味である。今まで下に伏在していた活動エネルギーが、いろんな矛盾、抑圧を排除して上に発現するという文字であり、したがってそこに矛盾、闘争、犠牲を含むために、つらい、からいということも出てくるわけです。

後漢の名高い「白虎通」という書に、辛は「殺傷」の意を含むということが書いてあります。よって、これは前年の庚を受けて、「更新することを断々乎として実行してゆかなければ、必ず殺傷を含む、からい目・つらい目に遭うぞ」ということです。そこでどうしても斎戒自新しなければならないのであります。

したがって今年の辛は庚戌に較べると、意味は一段と深刻切迫であります。昨年を承《う》けて断乎として斎戒し、自分の心を改めて、自新・更新してゆかなければならない。そうしないと、必ず下からの突き上げによって、殺傷を含むいろいろの不祥事件が起こる。私は三島氏の楯の会の事件（昭和四十五年十一月）を知って、早速もう始まったなという気がいたしたわけですが、しかし、今度の事件はあのゲバ学生どものふざけた殺傷事件とはまるで違うのであります。三島という人は異常なくらい『葉隠』に心酔したり、また最近では陽明学に心を傾けておられたようです。去年でしたか、私のところにも長文の手紙を寄越して、「陽明学をやりたいが、どういうふうに勉強すればよいのか教えてほしい」ということで、私も参考書などを上げたのですが、本当に残念なことをいたしました。

おそらくこういうことがあると、ただでさえ陽明学と言えば、大塩の乱などというふうに飛躍するのですから、また何もわからぬ連中や生《なま》齧りの輩によって、陽明学は危ないぞ、といった俗説がはやるだろう、と余計なことまで考えるのでありますが、そういう不祥事件の起こることを辛の字は表しておる。だから辛は新しくすると同時に、からいという意味がある。「からき目見せるぞ」という言葉がありますが、この調子でゆくと、おそらく今年はからき目見せられる年になるのではないか、という気がいたします。

亥の意味

その上、支の「亥」がまた意味が深い。これは核と同義で、亠は上を表し、下の乆は、男女が二人並んで、何事かをはらんでおる貌を表しておる。お節介な学者は、「これは男女が並んで、しかも女が妊娠をしておる象形文字だ」というような解説をしております。いずれにしても、この文字は、「何事かを生もうとしておる」「いろいろのエネルギー・問題をはらんでおる」ということを意味しておる。起爆性を含んでおるわけです。まことに核時代に相応《ふさわ》しい、暗示に富んだ支です。

そこで思うのですが、亥をいのししに当てたのは当たっておる。もちろん古代人が核兵器の起爆力というようなことまで知って考え出したとは思われない、これはより多く偶然性のものだと思うのですけれども、猪という奴は確かに起爆性を持った動物である。山や野の茂みの中から突如として飛び出してくる。これが出てくると、ろくなことはないので、その辺の田畑は滅茶苦茶に荒らされてしまう。本当にうまく当てはめたものであります。だから干と支と相俟《あいま》って「何が発生するやらわからない。しかもその発生はただの発生ではなくて、爆発的な発生である」ことを、これは表しておるわけです。

歴史上の辛亥の年

台湾にまいりましたら、ちょうど辛亥六十年という行事を繰りひろげておりました。辛亥というと孫文の民国革命成功の年であります。台湾の学者たちの集まりで辛亥の意味を説明いたしました。

例えば、六十年前の辛亥には、貴国では革命に成功して、清朝はこれにより倒壊した。もう一つ前の辛亥の年は、太平天国の乱があり、洪秀全が太平天国を建て天主を称した時であります。さらにもう一つ前の辛亥は、今まで理想政治と謳われていた清朝の乾隆《けんりゅう》の末期で、この頃から不安が高まっております。欧州ではフランス革命の序幕でありますす。ルイ十六世がパリを逃げ出して捕らわれました。それから二年というと、壬—癸（みずのと）これはご破算の意味を持っているが、よい意味においても、辛を生かせば二年後の癸の年に一応在来のひっかかりがご破算される。悪くいくと、従来の体制がご破算になって、破壊革命になる。これが辛・壬・癸の年の特徴です。フランス革命がちょうど辛亥の年から始まって三年後の癸の年に恐怖時代に入って、ギロチン騒ぎが猛威をふるった。

そして、四季からいうと、辛は秋に当たるから、そういう干支学に基づいて考えると、本年の秋、中国大陸において、文化大革命以後の新たなる動乱が予想される、これは算木筮竹ではなく、干支学と歴史的経験的事実に基づいて考えられる、科学的とはいえないが、経験的に言える、という話をいたしました。これは一般に学者たちもあまり考えなかったことのようでありまして、非常な感興で翌日の新聞にも大々的に書いてありました。

辛亥の年をわが国の歴史上で遡ってみると、この前の辛亥は明治四十四年（一九一一）になります。政治的には桂内閣と西園寺さんの率いる政友会とが、両首領会談によって手を握り、新しい進展を示しております。さらに核爆発的に言いますと、南北朝正閏論というものが俄然としてやかましくなり、幸徳秋水の処刑が行なわれておる。

その前が嘉永四年（一八五一）でありますが、外国問題がやかましくなって、特に海防論が沸騰しておる。

そのもう一つ前は寛政三年（一七九一）で、松平定信の寛政の改革の時代であり、西洋の歴史では、フランス革命勃発の前夜であります。

まあ、くわしいことはさておいて、いずれにしても辛亥はすべてに物騒な年です。

さて、それでは昨年の庚戌を回想して、少しく具体的に見てまいりましょう。まず社会的に大きく取り上げられたのは公害問題であります。これについては、我々師友会では、もう何年も前から指摘し、論じてきたことでありまして、今頃降って湧いたようにうろたえ騒ぐというのは、いささか浅はかという感じがしないでもない。まあ、それでも無関心でおるよりはよいわけですけれども、ただ残念なことにはその公害問題も、声ばかり高くて、ほとんど何もせずに終ってしまった、と言うてよいでありましょう。

公害ではなくて工害・巧害

しかし考えてみますと、そもそも「公害」という言葉自体がおかしい。公とは私に対する語であって、公が悪いわけはない。したがって公害などというと、私人が公にくってかかる、といった方向へ走りやすくなる。公害というものは、実はみな私害にほかならないのであって、これは工害と言った方が当たっておる。コンピューターなどといったものによって発達した近代の科学技術、テクノロジーの産物であり、近代工業の惹起した問題である。あるいは同じ工害でも、人の巧、たくみによってつくられた文明の害、巧害と解釈してもよいわけであります。

自然界の現象・摂理というものは複雑微妙でありまして、つねに相俟つと同時に相対する両用の作用を持っておる。人間はそれを応用することによって科学技術を進歩させてきた。しかし進歩は反面進歩に通ずる。一歩誤ればせっかくの人為が偽、うそ・いつわりになる。サイバネティックス、人工頭脳装置の始まりの頃、もう数年も前になりますが、ルイス・マンフォードという炯眼の学者が、「人間は精巧な機械を発明することによって、本来の頭脳の働き、前頭葉の働きを失ってしまうだろう」と、数学者の岡潔《おかきよし》さんが聞かれたら拍手されるようなことをちゃんと言うております。

また新聞・雑誌などの出版物をはじめ、ラジオ・テレビといったものが際限なく発達し普及して、ただ見たり聞いたりで済んでしまう。しかもそれが、次から次へとあわただしく変わって静止することがないので、人間はただ不統一に雑駁に頭に映すだけである。そのために思索・推理・記憶といった大事な頭の機能が没却されて、それこそ国民総白痴化にもなりかねない。そうなると理性や良心などというものは失ってしまって、ちょうど催眠術にかけられたのと同じようになって、アジテーターや政策に翻弄されるようになる。いや、なるのではなくて、もうすでにその現象が起こっています。

そういうことを細かく観察してくると際限がありませんが、これはまことに恐るべきことでありまして、そのために人間の調子・調和が狂ってくる、なんらかの意味で異常性を帯びてくる。古来、不調とか、不調法とかという語がありますが、そういう昔の言葉がみな生きてくるわけであります。

それではいったいどうすればよいのだ、誰かなんとかしてくれぬか、などと言ってもこれは無理な話であります。したがってあまねく照らすということになれば、時間はかかるけれども、多少の突然変異は起ころうけれども、なんとかなる。それが悪い悪いと知りながら、みな傍観して、虫のいい僥倖を期待して、強いて余裕を見つけては異常の生活に、変態的生活に、わずかに享楽をしておるというのでは民族の滅亡です。こういう調子では日本のみならず、ヨーロッパも、アメリカも、近代文明諸国は遠からず自滅するほかありません。

一灯照隅を行ずるのみ

ぎりぎり決着のところ、その効果があろうがなかろうが、それはそれとして、斃れて後已《や》むという覚悟で一灯照隅を行ずるほかはない。やがてそれが集まって千灯万灯になって、

その後を誰が取るか。これはソ連と中共の競争であります。今や彼らは、甘っちょろい文化主義者がなんと言おうが、我々はニューバーバリズムでゆくのだ、アメリカやヨーロッパをたたきのめしてやるのだ、しかしそれには武力がいる、武力は核武力である、というので、ソ連はソ連でアメリカと深刻な核兵器競争をやっておる。中共も遅ればせながら、七億の民衆を犠牲にして、核兵器を持とう、しかもほかの国には持たすまいと、懸命になっておる。このままでゆけば、日本などはソ連や中共にひとたまりもない。今でさえ、友好商社を断ると言われたくらいであれだけ平身低頭するのですから、核兵器で脅かされた

ら、それこそ卒倒するのが関の山で、本当に浅ましいことになるであろうと思う。その運命がどうなるかということは、おそらく来年で決まると思います。

しかしアメリカも馬鹿ではない。まだヨーロッパにも良識はある。それにソ連や中共も仕放題の無理をしておるのですから、これも何が起こるかわからない。辛亥という年はそういう年である。だからお互い一つ度胸を決めて、そうして理性を磨き、情操を優にゆかしくして、一灯照隅をやるよりほかに道はないと思っております。

壬子

——昭和四十七年

壬子の年を迎えて思う

真実に徹すれば、確かにすべて易簡《いかん》であります。なにも惑い、論《あげつら》うことはありません。人は自ら信ずる誠を尽くして了ればよいのであります。しかし元来惑いやすい人間が、こんな末梢的紛乱の世に当たっては、毎《つね》に何か具体的に真実の一筋を通してゆく原理ともなるものを念頭に持つのもよいことであります。

そこで毎年の始めに当たって、その年の干支を端緒として、その真理を通して考える一事を紹介してまいりました。去年は辛亥《しんがい》であり、すでに詳解しましたとおり、善かれ悪しかれ造反勢力の核実験的段階で、殺傷を伴う変革の機運を示し、斎戒自新を要すとありましたが、率直に言って、一般に成績はなはだ不良でありました。

辛亥に次ぐ本年干支は壬子《じんし》（みずのえ・ね）であり、「壬」（音はテイではない）は孕むすなわち妊の姿であり、また荷う・事に当たる意（任）をも表しております。「子」は孳、滋（ふえる・しげる意）で、辛亥の情勢が一段と重大化し、いよいよ問題の処理に当たらねばならぬので、当然これに活動する人物が輩出する。これを「壬《じん》人」と申します。壬人すなわち任人で、事に任ずる人物です。おそらくいろいろ活躍する諸種の人物が輩出するでしょう。

しかるに、ここに悪いことがあります。壬人という語に、よい意味の「事に任ずる」人ばかりではなく、むしろ、この時局に便乗して、自己の野心を逞《たくま》しゅうしようとするよからぬ人間の輩出することを示す意味のあることで、壬人と言えば多く佞《ねい》人の意に用いられます。「壬佞、憲綱を冒触す」（唐書・姚崇）とか、「壬人位に在《あ》りて吉人壅蔽す」（漢書・元帝紀）とか、そういうものが子《ふ》えるというのです。

一回り前の壬子は明治四十五年（大正元年）でありました。中国では袁・孫の争いの年、欧州ではバルカン戦争時代であります。お互いに正義と勇気をもって時難に当たりましょう。

（「師と友」昭和47年1月）

時局便乗型の奸人が輩出する年

典型的な辛亥の年

いつの間にか本年も暮れることになりまして、内外時局、文字どおり感慨無量のものがあります。この頃よく私の顔をみると、「辛亥のお話どおりの今年でありました」と言う方が多いのでありますが、私自身でさえ本当に典型的な辛亥であったと思います。しかしそれにしてもなんという不首尾か、成績の悪いことか。来年はさらに悪いのではないかと思われるだけに、よほど覚悟を新たにして努力しなければなりますまい。王陽明《ようめい》の「抜本塞源論」の結末にあるように、猶興の豪傑でなければとうていこの窮状は打開できないのではないか、といまさらのごとく「抜本塞源論」を味わい直さずにはおられない情況にあると思うのであります。

国内におきましては、もう新年明けから始まって、反体制・下剋上で、あらゆる矛盾・衝突・殺傷・犠牲を暴露し、また国外におきましても、中国の猛烈な国連における闘争、台湾の排除、最後にはインド・パキスタンの戦闘と、内外ともにあらゆる矛盾闘争で過ぎたわけであります。しかしこれに対していかに善処し得たかと申しますと、どう贔屓目《ひいき》に見ても善処とは言えません。どうやら大過なくと思うでありましょうが、内実は決してそれどころではない。まことに混沌として、なんとかかんとか年の暮に漕ぎつけたといったありさまであります。

こういう状態でいったい来年はどういうことになるか。おそらくこの形勢はますます増大するであろう、ということが一つ考えられる。もう一つは、いろいろの人物が活動を盛んにしてまいりまして、それも優れた頼もしい人物が出てくるのであればよいが、また出てもらわなければならないのですけれども、どうもより多く佞人・奸人が、私心を懐き時局に便乗して何かやろうという人物が輩出してくる。この二つが、まず来年の干支の上から想像されるわけであります。

壬の意味

そこで干支を申しますと、来年は壬子になる。壬子の「壬」は、亥の内在するものが増大する形で、故に中の一が長いのです。胎児ならば大きくなってお腹がふくらんでいる姿を表し、それが妊娠の妊（妊）である。また壬には「ひっ提げる」という意味があって、いろいろの問題を持たなければならぬということから、亻扁をつけて任という字にもなる。だから壬の年は、辛亥の年の諸問題がいっそう増大して、そのために任務・仕事がますます惹起してくる。したがってそれを立派に処理する、事に任ずる人物がどんどん出てこなければならないのですけれども、どうも私心・私欲・野心を逞《たくま》しゅうする人物の方が多く出ると見なければならない。これはいつの時代、いつの世の中もそうなり勝ちであります。

人間の身体でも「中」というのは「進む」ということで、元来はよいことなのだけれども、その進歩発展の過程においてどうしても中毒を起こしやすい。食物でも、粗食をしておる間は滅多に中毒しないが、美味美食をやりだすと中毒を始める。金銭などことにそうでありまして、また地位・名誉といったものにしても、一介の野人でいるうちは割合人間もさっぱりしておるが、だんだんそういうものができるにしたがって堕落を始める。そこで壬を使って「壬人」という熟語があるが、これはよい意味よりも、むしろ悪い意味に使う。いわゆる佞人・奸人と同じ意味です。来年はそういう時局便乗型の壬人、佞人・奸人がだいぶ増えそうですね。事実もうすでに出始めております。例えば中共が国連で勝ったとなると、もう情けないくらいに中共贔屓、中共まいりが盛んであります。

子の意味

壬子の「子」の方はふえるという字。茲に氵扁をつけた滋（じ）と同義の文字である。子をつければ孳《じ》になる。古代人が家というものに住むようになって、いろいろ増えるものを見るが、一番増えるものはなんといっても鼠でしょうね。これくらい繁殖力の強いものはない。そこで干支が民衆化するにしたがって、いつの間には「子」というものが「鼠」になったわけです。ちょうど起爆性の亥を猪に当てたのと同じことであります。古代人が農耕生活をしておって、何によって一番爆発性の体験をしたかと言えば、裏山や森陰から猛烈な勢で飛び出して来て、せっかく作った畑を荒らし回るいのしいであったに違いない。亥にしても、子にしても、うまく選んだものであります。

壬子の意義

いずれにしても壬子と組み合わされると、来年は利口な狡《ずる》い人間が、野心を持った時局便乗型の人間が、たくさん出てくるということが考えられる。だからもしそういう中にあって、本当の意味においていかになすべきかという時代の任務を背負って、それを立派にやり遂げてゆくようなよい意味の壬人が出てくれればよいが、そうでなければ大変なことになる。政局で申しても、やれポスト佐藤だ、ポスト×だというようなことで、いろいろの人物が出ると思われるが、なんとかよい意味の壬人が出てほしいものであります。したがって真によい意味の壬人が出るか、いわゆる佞人・奸人の壬人が出るか、これが来年の一番の眼目です。

学道の妙味

そういうことを考えると、ある意味においてまた興味が深い。人間はこういう逆境・難境に遭遇すると、いかに学問がたいせつであるかということがわかります。真の学問をやっておれば、しみじみ問題を考えることができる。考えることができれば、自らそこに光も差す、期待もわく、また楽しみも生じてくるというものです。だから人間はやはり学問をしなければいけません。といっても形式的な、功利的な、世俗の学問ではだめでありまして、老荘や禅でいうところの絶学の学、良知の学、正学を学ばなければいけない。またそういうところに我々の学道、講学の一つの妙味があるわけです。人間、学問をしないと、散漫になるか、失望して荒《すさ》んでしまうか、ろくなことはありません。一つ、来年は我々も心して生きなければならぬとしみじみ考えます。

正直なところ、私などもよほど気をつけておらぬと、この時局に誤られてしまいます。第一に健康に悪い。今朝などもこちらへまいるのに、支度をしようとすると電話がかかってくる。すんだと思うとまたかかる。そのうちに味噌汁も冷たくなって、結局食事もろくに摂らずに、やっとのことで汽車に間に合った。ところがついうとうとしておると、いつの間に時間が過ぎてしまったのか、もう弁当も売りにこなくなっていた。そういうことで別段不養生をしようと思わないのだけれども、自然に不養生になってしまう。しかも毎日がそうでありまして、手紙だの書籍だのなんだの、というような郵便物にしても、うんざりするほど配達される。そういうものに目を通しておると、すぐに夜の十時や十一時になる。それから少し調べ物をしたり、本格の勉強をしようと思うと、どうしても一時、二時になってしまう。だからうっかりすれば、すぐ健康を害します。それをどういうふうにして健康を失わぬようにやってゆくか、これは一つの学問であり、修行です。

幸い私など、そういう学問・修行に早く気がつき、教えられ、学んで、何とかしてきましたから、長年さして健康も害せずにまいりましたが、本当に学問のおかげというものでありましょう。さきほどみなさんと斉誦しました聞学起請文の中に、「少《わか》くして学べば壮にして為《な》すあり、壮にして学べば老いて衰えず、老いて学べば死して朽ちず」とありますが、真理に参ずることができれば、肉体なども自ら問題ではない。本当に永遠に生きることができるのです。

先般催されました陽明先生生誕五百年祭の時にもちょっと触れましたが、私がこの春久しぶりに陽明先生の伝を起草いたした時であります。なにぶん何十年ぶりに書く先生の伝であり、かつ生誕五百年を記念する論文でありますから、いい加減なことは一言一句も慎まなければならん。それで厖大な資料を集めて、大事な個所はことごとく原典に照らしながら、先生の生涯を書き進んでいった。そうして最後の舟中において息を引き取られるところに至って、なぜか涙が止めどなく、本当に潸《さん》然として流れました。

先生と私とは五百年を隔てて、しかも縁もゆかりもない他国人である。それがなぜとも知らず泣けてくるというのは、いったいどうしたことであるか。人心の神秘と言うか、消息と言うか、不思議なところである。そういう境地は時だの処だのといった相対の世界を超えた、良知の世界、永遠の世界である。そこに学問・修養の意義があり、また無尽不朽の感激があるわけでありまして、「論語」に言うとおり、下らぬことを考えたりする必要はない。とにかく学ぶに如《し》かずであります。

来年は本当に学ぶべき、活学すべき時であるとつくづく考えます。学ばざるが故に惑いが多い。惑うが故に誤りが多い。来年はおそらく今年にも増してさまざまの惑い・誤り・争いが盛んになるでありましょう。

なんとかよい意味の任に耐える人物が、上は総理をはじめとして輩出し、日本をうまく持っていってほしいものであります。来年は政界の再編成の時であると同時に、財界などを見渡しても、だいぶ首脳部が代わり、組織も新しくなると思う。言わば財界も維新・革命の時である。これはあらゆる方面で同じことでありましょう。それだけに壬子の意味するところがひとしお切実に感ぜられます。

真向法と長井氏

第一に、我々が予期しなければならぬことは、あらゆる意味における汚染、いわゆる公害がはなはだしくなるということです。公害と言うよりも汚染と言った方が実感がありますね。これをどうするか。差し当たって最も身近に考えなければならぬ問題です。王陽明の「伝習録」に対して、朱子の「近思録」という本がありますが、それこそ抜本塞源的に近思する必要がある。このまま放置しておけばどういうことになるか、これは大きな問題です。

少し話が、それこそ近思になるが、私はよく人から「先生は健康でいらっしゃいますね……」と言ってむしろ怪しむような顔をされることがある。これは私自身健康ということについて常に切問近思しておるからであります。

私は朝起きた時と夜寝る前に必ず真向法をやります。真向法を工夫したのは長井津という人で、東大のサンスクリットの大家・長井真琴氏の弟さんであります。実家は福井県の日本では珍しい勝鬘《しょうまん》経を所依の経典にしたお寺でありまして、兄さんの真琴氏は家の本筋の仏教の研究に志して、あのような碩学になられ、津氏は早くより大倉喜八郎の弟子となって実業界に入り、若くして金儲けに成功した。そうして型の如く中毒現象を起こして、四十歳代に脳溢血で半身不随になった。そこで大いに悔いて——本人から直接話を聞いたところによると、もちろん治りたいという気持ちもあったが、懺悔の気持ちの方が強かったそうです——勝鬘経を読もうと決心した。といってもいまさら兄さんのように学問的に勉強するなどということは無理な相談であるし、またそんなことをしたところでとうてい追いつくことでもない。それよりも日蓮聖人が法華経を読まれたように、身体で勝鬘経を読もうと決心した。つまり色読しようと考えたわけです。そこで勝鬘経の冒頭に勝鬘夫人が仏を礼拝されるところがあるので、まずその礼拝から始めた。

インドの礼拝は五体投地礼といって、両足を投げ出して、額を膝につけるようにして拝む。今でもインドやタイ、ビルマなどに行くと、この礼拝をやっておりまして、いつかもウ・タント国連総長が八十一歳の老母を見舞いに帰り、椅子によっておる老母に型のごとくこの五体投地礼をしておるところが新聞に出まして、たいそう外国で話題になったことがありますが、長井さんもまずこの礼拝からやろうと思った。

初めは半身不随の身体ですから、なかなか礼どころではありません。ところが熱心にやっておるうちに、次第に手足が自由に動くようになって、五体投地礼ができるようになるとともに、いつか半身不随も消滅して、元の自由な身体になった。それで最初これを礼拝体操と言っておったのであるが、あるとき明治神宮に参拝したところ、真っ向から霊感を得たので、それから名を真向法と改めたということであります。

だから真向法というものは実に感動すべきものでありまして、やる以上はまずそういう心構えから入らなければいけない。私はよく親不孝らしい人間を見ると「親不孝をして相済みません」と言って、仏壇の前で真向法をやれと奨めておる。私自身、しじゅうとまではゆきませんが、許される限り仏壇の前でやっております。

ことに真向法の四つの型の中でも、第四番目の正座して体を後ろに倒し、頭の上で合掌する運動は難しい。たいていやっておるのを見ておると、格好だけはなんとか真似をしておるが、実質甚だもっていい加減なものが多い。この運動は特に内臓下垂に効果があって、薬では絶対に治らぬようなひどいものでも、三カ月もやると大体元へ戻る。しかしやり方が悪ければ、それだけ効果も少ない。どこが悪いかと言うと、まず手がだらんとなって弛んでおる。手というものは手刀と言うて、刀の代用ができるくらいのものでありまして、これが両方ぴったり合して、そうして指先に力を入れて合掌するのです。剣道でもそうですね、右手は添え物で、刀を使うのは左手、特に小指で締めるのです。とにかく真向法は身体の持ち方を本然に返して、日常生活からの汚染・悪習慣から是正する最もよい方法であります。

梅干番茶

それから私は何十年来必ず朝起きると、番茶に梅干を入れて喫しておる。化学部門でノーベル賞をもらったイギリスのクレーブス教授のクエン酸サイクル理論は有名でありますが、これを見事に実証するものが梅干でありまして、梅干の酸は胃の中に入ると、アルカリ性に作用する。そこで梅干番茶はいかなる薬を飲むよりも、体中の汚染を除去してくれる。

まあ、私はこういうふうにして、いかにして汚染を受けないか、また受けた汚染を消すか、ということに注意をしておる。ことに文明大都市ほど汚染がひどいのですから、この中に生活をする者はよほど自分で注意をすることが大事であります。

危険な心の汚染

しかし汚染を受けるのは身体ばかりではない。心が受ける汚染をできるだけ慎むようにする。そのためにはつまらぬ小説や愚論に類するものはなるべく読まぬようにすると共に、心が浄化されるような立派な書を読むべきである。特に朝、それも一時間とは言わぬ、三十分でよい。昔の人も枕上・馬上・厠上の三上の読書ということを言っておるが、私は長年必ず厠で読むことにしておる。厠で読むだけの時間であるから、何枚も読めるものでもないが、十年、二十年と経《た》つと、自分でも驚くほどの量となる。しかもこれは数量の問題ではない。その時に受けるインスピレーションというものは、とうてい書斎の中で何々の研究などやっておって得られるものではない。いわんやこれから安眠熟睡しようという枕のほとりにおいてをやである。寝る前に週刊誌などを読むのはもっとも愚劣なるものである。旅行をしてもそうでありまして、その土地の銀座通りというような場所をぶらつく時間があれば、神社仏閣、そのほか心の浄められるようなところを訪れるようにするとよろしい。

こういうふうに私生活のみならず公生活においても、何事によらず身心の汚染をできるだけ去るように努力する。しかしそれにはやはりしじゅう良き師、良き友を心がけることが大事であります。専門家の報告によれば、日本の汚染はヨーロッパの各国に較べると、はるかに悪質で、かつひどいということでありますが、そういう汚染も各自の心がけ次第によっては、決して免れ得ないものでありません。

その次に国民として重大なことは、精神的・文化的頽廃であります。この頽廃的傾向からいかにして日本を救うか。かつて蔣介石総統がシナ事変の始まる直前に新生活運動というものをやりました。これは蔣総統の非常な見識であり、功績でありまして、もしあの時、事変の勃発が遅れて、新生活運動が中国全土に広まっていたら、その後の情勢がどういうふうに変化していたかわからない。それは何々すべからずといった簡単なものではなくて、もっと内容のある、根底に精神的なものを持った運動であった。

「管子」四維

その第一番が有名な管子の中にある「四維」という言葉である。四維とは国家・民族の存在を維持する四つの大綱ということで、礼・義・廉・恥の四つである。礼は秩序・調和、義はいかに為すべきやという良心の至上命令に従うこと、廉は省みて自己の汚れを去ること、恥は恥を知ることである。この四つを具体的に奨励して、民衆の生活の根本的改革を志したわけであります。

猶興の人物

今日の日本に欲しいものはこういう精神運動でありまして、これは官民共に真剣に取り組むべきことである。今の日本はあまりにも環境の汚染と同時に、人間的・精神的な汚染が激しすぎる。第一、この頃の人間はお辞儀《じぎ》を忘れてしまいました。生活ぶりを見ても、放埓で、不潔で、なんとも情けない限りである。この精神的頽廃・堕落から民族を救わなければ、日本は長くもちません。中国などに対してもそうであります。新華社をはじめ、あらゆる言論機関を通じて、日本の国家・国政・政府はおろか、皇室に対してまで、ほとんど聞くに耐えぬ罵詈讒謗《ばりざんぼう》を加えておるにもかかわらず、日本人はそれに対して怒ることを知らない。また商取引などにしても、実に傲慢無礼、かつ無理な条件をつけられて、これでは商売にならぬだろうと思われるのに、文句を言うどころか、恐れおののいて阿諛《あゆ》迎合至らざるなしといったありさまである。これも言わば一つの大きな汚染であって、こういうふうに精神的・道義的内容を失ってしまったら、もう民族は滅亡であります。

こういう浅ましいふうをなんとかして抜本塞源的に直さなければ、日本はおそらく、壬子の来年を通り越して再来年の癸丑《きちゆう》には、大変な惨劇・破壊を免れない。干支の上から言うても、歴史の上から言うても、必ずそうなると思う。しかし反面うまくゆけば、非常な犠牲を払い、苦難を経過しつつも再来年には一応局面を転換して、新しい時世の建設に着手することも不可能ではない。来年はそのいずれへ行くかという関ケ原であります。

「抜本塞源論」も要するに、今申したようなそういうさもしい根性、中毒を起こす功利の弊を抜本塞源的に正さなければならぬということを論じておるのです。そうして最後に陽明は、「猶興の豪傑が出なければ、もう何も望めない」と言って結んでいる。それは誰かやるだろうというようなことではだめだということです。「文王を待って後に興る者は凡民なり」で、文王のような偉大な人物が出てくるのを待っておって、それに金魚の糞のようにくっついてうまくやろうというようなことではいけない。「夫《か》の豪傑の士の若《ごと》きは文王なしと雖《いえど》も猶興《なおおこ》る」、そういう「俺は俺でやるのだ」というういわゆる猶興の豪傑が続々と出てこなければ、世の中は決してよくなるものではない。言い換えれば、これは一灯照隅にほかならない。来年という年は実に気にかかる年でありますだけに、大小を通じて、内外・自他を通じて、お互いに一灯照隅をますます真剣にやらなければならぬ、ということをこの暮ほど痛感することはありません。みなさんもおそらくご同感であろうと思います。

辛亥革命

私は昨年（昭和四十六年）の正月台北にまいりましたら、至るところで辛亥云々という行事の広告が行なわれておりました。ふと気がついて、孔孟学会での講演の最後に辛亥の説明で締め括ったのでありますが、それは歴史の実例から想像しますと、「今年すなわち辛亥の年は、辛は五行で秋になりますから、今年の秋には大陸にも殺傷を伴う革命的な問題が起こるかもしれん」という話をしたわけです。それが聴講の人々にえらい衝撃を与えたようでありまして、香港の新聞などにも社説までこれを引用しておりました。

ところが、秋九月になりますと、なんぞ知らん、林彪《りんぴょう》をはじめとして、参謀総長の黄永勝であるとか、空軍の大将である呉法憲、あるいは海軍の李作鵬であるとか、後方勤務関係の邱会作に至るまで、大粛清、大殺傷事件が行なわれました。それで、昨年の秋から台湾や香港の友人が私に手紙をよこしまして、辛亥論がよく出た由です。

壬子の意味

それが明けて今年、壬子という年になりました。この壬子というのは、辛亥に較べてどういう意味を持っておるか。これがまた大変興味深いものであります。

「壬」という字の中のよこ一を短く書く人がありますが、これは間違いで、一を下の一より長く書かねばなりません。「壬」であります。一番よくわかるのは、妊娠で、中の一は胎児ですね。受胎して胎児ができ、これが大きくなる。お腹が誰の目にもよくわかるようにふくらむ。それで「女」扁をつけると「妊」という字になります。人間のことですから、これに「亻」扁をつけてもいいのです。「姙」という字になります、付けなくてもよいのです。

これにもし「食」扁をつけると材料を揃えてそれをいろいろ煮炊きする、料理する、すなわち飪という字になります。これに「糸」扁をつけると、これは材料・紝——織るという意味になります。そこで、辛亥の年に発生したいろいろな問題が増大するという意味があるわけであります。したがって、いろいろと任務ができ、その仕事に当たる任人を要することになるのです。

人を使う三原則

よく「任用」と申しますが、政治哲学では、人を使うのに三つの原則があるとしております。それは、優れた人間、役に立つ人間をまず知ることです。次に知ってこれを用いる。人を知り、人を用い、用いてもこれを機械的に使ったのではだめで、これに任せる。人材を知って、これを用いて、用いてこれに任す、それを「任用」というわけです。任さなければ任用ではない。単なる使用にすぎないのであります。だから、大事な問題を任すことのできる人間を要する。また、そういう人間を用いなければならない。それが「任―みずのえ」の大事な一つの意味なのであります。

前年の辛から進んで、いろいろ問題が増大してくる、辛亥の年に内蔵されておった諸般の問題が外に発動してくる。そしてその問題を処理する優れた人間がいる、そういう人間を用いる、用いて任さねばならない。そういうことを「壬」の字は教えてくれているわけであります。

ところが、面白いことにこの「壬」という字が第二段階において悪い意味になります。事を任さねばならぬ人間の中に、そういう時局に便乗して、自分の私心・私欲をほしいままにしようという奸人・佞人――こういう者が出てくる。そこでせっかくの壬人が、次第に後世になるほど悪い意味の時局便乗型の厄介な人間、野心家・オポチュニスト、といった奸人・佞《ねい》人の意味にもっぱら使われるようになります。これは人間の堕落・政治の頽廃というものをよく表しておると思います。

これに加うるに今年は「子」の年であります。「子」は何を意味するかというと、「子」は「滋る」増加するという意味を持っております。古代人の生活で何が増えることをもっとも実感させたかというと、なるほど家の中のねずみ、これくらいよく増えるやつはいない。そこでいつの間にか「子」という字は鼠ということになってしまった。本来なにも関係がないのです。そういうように、一般化し世俗化するにしたがって意味も通俗になってしまったのであります。

こういう時局、いろいろの大事とこれに任じなければならない人物を要する時に、その大事な時局の任に当たるべき者の中から、その時局に便乗して私心私欲をほしいままにしようという奸人や佞人がたくさん出てくる。正しい人・善人・君子が、とかく引っ込み思案になって、そして、つまらん者、時局便乗の野心家が鼠のように発生して、これがいろいろな害悪を惹《ひ》き起こすということになりやすい。「壬人」がいつの間にかそういう悪い意味に転化しました。

そこで、大任に当たる人はよほど勇気を出して、小人に負けないようにやらんといけないことを壬子は教えておるのですが、そういうことを調べながら本年の政局など考えますと、どうもこれまた当たっていますね。議会など見渡すところ、よい人々はとかくこの素心会をはじめとしてだんだん遠慮し、引っ込み思案になって、とんでもない野心家だの奸人・佞人がはびこり、日本も鼠に荒らされるということにならないとも限らない——ならんとも限らんではない、大いになりそうな気がして、私は心配でならんのであります。これはみなさんに大いに発奮していただかなければならないことだと思います。

歴史上の壬子の年

これは原理でありまして、これを史実に徴《ちょう》してもいっそう実感を強くします。例えば、清末の辛亥については孫文の革命が生じました。せっかく辛亥の年に、三百年政権を握った清朝を打倒して、孫文は一応革命に成功したわけです。ところが、明けて壬子の年、これは日本で言うと明治四十五年、大正元年（一九一二）でありますが、この年になりますと、孫文の思惑が外れて、孫文は南京で大総統になったのですが、今度は北京に袁世凱《えんせいがい》が出てきました。そして、袁世凱が大総統になって、せっかくの辛亥革命は混乱に陥りました。

わが日本においてはどうだったかと申しますと、辛亥・壬子というのは、明治四十四年・明治四十五年であります。四十五年前半は明治で、後半は大正になったのであります。この年は、正月早々呉《くれ》において大ストライキが起こって、憲兵や警察が出動した。明治の歴史においても異常な事例であります。それから美濃部・上杉の憲法論争、夏には明治天皇崩御というえらいことが起こりまして、それから陸軍の例の二個師団増設問題がこの年に起こっており、それを内閣が否決したというので、あの時の上原陸軍大臣が単独上奏をやって辞表を出し、軍は陸相を出さない。内閣は大混乱となり、とうとう暮になって内閣は倒れた。それで桂《かつら》内閣が誕生した。この辺から陸軍の横暴が露骨になるわけであります。仔細に明治四十五年を点検すると、「なるほど壬子だなあ」と思われます。

そう考えながら、今年の日本の政治がどうなってゆくか、社会状態がどうなってゆくかを推計しますと、どうも何かと悪いほうへゆきそうな気がします。これは歴史的事実をたぐってみても同様です。去年の辛亥から言いますと、局面は新たに発展しますが、よほど覚悟し努力しないと形勢は悪化するということを、この壬子の年について等閑に付してはならぬと思います。

政治戦について

この機に際して、みなさんのご注意を喚起したいのでありますが、それは対共産政権国家の問題であります。今日は直接の武力というものが次第に背景に回って、表面は政治戦の時代、ポリティカル・ウォーフェア political warfare の時代になっております。ところがこの政治戦というものになると、中国のほうは、春秋戦国の昔から非常なベテランです。兵書というもの、孫子・呉子・六韜《りくとう》・三略をはじめとしてたくさんあります。俗に言う「虎の巻」とは六韜の一つであります。日本人は虎の巻しか知りませんけれども、龍の巻も、豹の巻も、さらに犬の巻というのもあります。それに文韜・武韜を加えて六韜です。三略とは上略・中略・下略の三です。この六韜・三略、これらすべて武力戦ばかりでなく、政治戦・心理戦・謀略戦の教科書であります。諸葛孔明なども単なる文臣ではなくて、こういう武略にも長《た》けた人であります。みなさんこの六韜・三略などを読んで見られると大いに啓発されるでしょう。この会でもかつて私は「六韜・三略から見た現代政治」というようなお話をしたことがある。記録にもなっていると思います。

この六韜・三略を読みますと、武力戦などというものは、戦としては本来きわめて下策である。実は政戦・心戦が大切である。つまり、戦わずして勝つのが一番大事なことである。そして、戦わずして勝つ謀略を一語にして言うならば、相手をいかにして欺くかということである。一番早くそのことを指摘して教えているのは孫子。ところが孫子ばかりではありません、六韜・三略みんなそうであります。日本でこれを研究適用した代表的な、そして民衆によく知られたのは武田信玄であります。武田流の兵法といえば「風林火山」とみな知っております。あれはしかし形容詞にすぎないので、実際家から言いますとたわいないことなのであります。あれは、「その疾《はや》きこと風の如く、その徐《しず》かなること林の如く、侵掠すること火の如く、動かざること山の如し」。これは要するに形容でありまして、原書の孫子には、その次にまだ二つ、「知り難きこと陰の如く」「動くこと雷震の如し」とあります。

しかし大事なのはその前のことなんです。そもそも孫子には「兵は詭道《きどう》なり」とあります。「詭」というのは「いつわり」のことです。この「詭」という字は言扁に危という字が書いてあります。まさに文字どおりであります。詭弁ということは今でもみな使っております。この頃の周恩来《しゅうおんらい》が日本に対して放言しているようなものも詭弁のはなはだしいものです。

風林火山の言葉の前にも、「兵は詐《さ》を以て立つ」と言い、その次に、「利を以て動き、分合を以て変を為すものなり」。すなわちある時は分裂抗争、ある時は妥協苟合と千変万化するものと言っておる。だから、えらい積極的な攻撃に出てきておるかと思うと、ヒョイとひっくり返って妥協してみたり、「分合を以て変を為す」。結局立つところは詐術で、「利を以て動く」、どうすればわが方に利であるかということ、そして現実に千変万化する、このありさまがあたかも風林火山、陰や雷震の如くである、ということです。ですから、「風林火山」というようなことに感心したところでこの方にはなんにもならんのです。その前の原則のほうが大事なのです。日本人ぐらい瞞《だま》しやすい者はない、日本人ぐらい兵法を知らん者はないということは、これは中国の意地の悪い面々の語り合っていることであります。

さすがに明治時代の人になりますと、なかなかそうやすやすとしてやられませんが、どうもこの頃の人間を見ておりますと、目先の欲に走るものほど瞞されやすい。向こうから言うなら、まことに坊やか田舎者のようなたわいもないことで、ナメ切っておるということは、みなさんもご覧のとおりであります。だから、よほど兵法に通じた強《したた》かな人間、良い意味の任人が出てこないとだめで、時局便乗型の私利私欲追求、自分のスタンドプレーなんか一身の利害打算のことばかりに頭が走っておるような人間では、この詐術・詭弁に翻弄されてとんでもないめに遭うのではないかということを憂うるものであります。ニクソン大統領やキッシンジャー補佐官なども果してどれだけ確かでしょうか。

のみならず、こういう兵法に基づいて、諸葛孔明で言えば、「泣いて馬謖《ばしょく》を斬る」という故事がございますが、「三国志」の馬謖の伝記を読んでみても、やっぱり「戦争で一番大事なことは心戦だ」ということを書いております。心理戦です。「兵戦の如きは下である、大事なのは心戦である」ということを堂々と言っております。シナ歴史上代表的な英雄皇帝と言われておる唐の太宗とその下の名将李衛公《りえいこう》（靖）との問答書といわれる書の中に「わしはあらゆる兵学の書物を読んだが、これを要するに、『多方以て誤らしむ』の一句を出るものではない」――いろいろな手段でもって相手方を錯誤に陥れる、「多方以て誤らしむるの一語を出でざるのみ」、こういうことを言っておるのであります。いろいろな手段で相手をすっかり錯誤に陥れる。李靖も、要するに「人を致して、人に致されざるに在るばかり」と言っているのであります。

今日中共の対日政略がこのような詐術・詐略であることは明らかです。武田信玄ぐらいを連れてこないと相手のできないような先方の態度で、今の日本のような甘いお人好しのおっちょこちょいでは勝負にならないと思うのであります。

義心赫怒

そこでまた始めに返りまして、壬子の年にはそういう奸人・佞人がどんどん出てくるので、これに対してどうしなければならないか。これは言うまでもない、いくらでも答えをお出しになることができますが、その答えも歴史の書には骨身に響くような言葉がたくさんございます。一例を申しますが、「怒るべくして怒らざれば、姦臣乃《すなわ》ち作《おこ》る。殺すべくして殺さざれば、大賊乃ち発る。兵勢行なわれずんば、敵国乃ち強し」

これを六韜・三略の中の文韜に書いてあるのであります。これはぐっとくる言葉であります。やはり、こういう時局になると怒らなければいかんのです。ただ妥協、ただ穏便というのでは、ますます佞人・奸人・姦物・大賊がはびこる。

そこで毛沢東・周恩来のようになりますと、あんなにも粛清などやるのです。劉少奇をはじめとして、林彪までやっつけるとは誰も思わなかったでしょうが、その林彪もやられてしまった。参謀総長から陸海空軍の首脳全部を粛清してしまったということは、六韜・三略の実践であります。これくらい彼らは遠慮なくやるのです。ところがわが国は甘いですね。甘いどころではなく、腑抜けではありませんか。中共の残酷物語をなんと感じておるのでしょう。中共に対してもまた北鮮に対しても、阿諛迎合至らざるなしですね。だから国民はみなムカムカしていると思います。

一番悪いことは現代指導者の虚偽と腑抜けです。古来革命の歴史はすべて当局者の愚劣か優柔不断の結果であることを物語っています。今日たいせつなことは、政局に当たる人々がこの時代の堕落に道義的な怒りを発することが最も微妙な肝要事です。このままでゆくと、ますます大姦や大賊が生ずる。その次は惨澹たる抗争・革命をやらなければ治まらない。

「義心赫怒《かくど》」(後漢書袁紹伝)ということがあります。「文王赫怒」(詩経大雅)ということも古来志士の感激の言葉です。

来年は「癸丑」です。その次は「甲寅《こういん》」です。この「みずのと・うし」というのは悪くいくとご破算、よくいけばよい意味の一応解決という年であります。フランス革命をとってみると、フランス革命はやはり辛亥から始まっております。ルイ十六世が宮殿を逃げ出して捕まったのが辛亥の年であります。それから壬子になりまして、革命に名を藉《か》りたいろいろな野心家だとか、テロリストが一斉に発生してきまして、癸丑の年に一応フランスの政治はご破算・混乱状態に陥りまして、そのあとナポレオンが出てまいりまして、新しい時代が始まるのでありますが、これは一つの実例です。

今年日本の政治が悪いというと、来年の癸丑の年はもっと悪い混乱になるだろうと思います。そこから幸いにして人材輩出すれば日本は昭和維新ということになりますが、そうでないと日本に、少なくとも近代に経験したことのない悪質の混乱が来るであろう、こういうことを考えられるわけであります。

（「師と友」昭和47年3月）

癸　丑　——昭和四十八年

癸丑の年について思う

去年の干支壬子《じんし》を解説して、ひそかに憂えたことは、壬の字の示す悪い方の意味では、時局の多事に乗じて私利私欲を謀る野心家すなわち壬《じん》人の輩出することであった。どうもそれがひどかったと思う。

今年は癸丑《きちゆう》（みずのと・うし）である。「癸」の古字は※で、「説文《せつもん》」によると、「水、四方より地中に流入する形」とあり、また「人の足に象《かたど》る」ともある。季で言えば冬枯で、草木も凋落し、測量に便であるから、手扁をつけて、揆〈はかる〉意に用い、揆度・揆測などの熟語がある。そこで宰相を揆という。天地人間の法則は古今一如であるから揆一という、そこで心を一にして結束することを一揆という。「東鑑《あずまかがみ》」に「一揆の力を合せ奉る可し」などとある。それが日本では後になって、土民が結束して起こす暴動に用いるようになった。

「丑」は又と|との合字で、右手を挙げた形、事を始めんとする義を表すとされ、「はじめ」と読み、また丑は紐《ひも》で、結ぶ意とし、やしなう（畜養）意ともする。子に発生したものが、やや長じ、これを整え、養うものである。

その癸と丑とが組み合わさると、壬子に生じたいろいろの事件人物がそれぞれ相謀り、相結んで、事を始めようとする。しかしその力は丑であるからまだ弱い。癸—揆は宰相の位であるから、すべて首長の職に該当する。上に立つ者がこの時期に形勢と人間をよく省察（揆度）し、計画政策を吟味して、後々を誤らんようにせねばならない。「揆徳」ということがもっとも肝腎である。その第一義は「自ら省みる」ということであり、次に人物をよく見分けることをいう。確かに日本は本年において、揆職すなわち宰相や首長たる者が放漫で、小人に癸丑させたら、大変なことになろう。慎思奮励を要する。

（「師と友」昭和48年1月）

内在する問題が活動を始める年

昨年（昭和四十七年）の正月、当年の干支を解説いたしました時に、壬子（みずのえ・ね）の年は、いろいろ問題が増大して、私心・私欲を持った悪い方の壬人・佞《ねい》人・奸人がたくさん出てくることが心配される、ということを申し上げたのでありますが、残念ながら昨年はその心配どおりの結果となりました。特に日中国交回復の問題が起きましてからは、あちらからもこちらからも時勢に便乗しようという壬人・佞人・奸人が続々と現れて、もう中共でなければ夜も日もないというありさまであります。これを承《う》けて「癸丑」の今年はどうなってゆくか、少しく干支の上から新年の観想を述べてみたいと思います。

癸の意味

さて、今年の干支・癸丑でありますが、干の「癸」は十干の一番あとで、したがって、四季で申しますと冬の最後、すなわち季冬であります。説文によると、「癸」は冬になって草が枯れ、木々の葉が落ちて、見渡す限り遮るものもない冬枯れの景色の中に、それまで隠れて見えなかった四方の水路がはっきりと現れてきた、その形を象った文字であります。したがって見通しがよくて物を測るのに便利であるから、癸に「はかる」という意味がある。と同時に物を測るには基準になるものがいるから、基準・法則・筋道というような意味にも用いられる。また、測る時にはどうしても人の手が加わりますから、後には癸に手扁をつけて「揆」という字が生まれてきた。人間が人工を加えて原理・原則・法典・憲法に基づいて、いろいろ企画を立てる、「はかる」意味となります。揆を使って揆計、揆則、揆量などという熟語もあります。

そうして、「揆」はすべての問題に一貫しなければならないから、そういう法則とか原理憲章というものは、いつの時代、いかなるところにおいて誰が考えても、これは一でなければならないというので、「孟子」には「先聖後聖、其の揆一なり」〈いつの世にも聖人の立てる道・筋道というものは変わらない、一つである〉と言うておる。つまり揆、一であります。

またその揆の一番大きなものは、なんと言っても政治であり、その政治の基準は宰相でありますから、揆には大臣・宰相の意味もある。別に総理大臣のことを揆職とも言うておる。前に外務大臣をされた自民党の愛知揆一（故人）さんの揆一という名前は、ここから出ておるわけで、お父さんがつけたか、誰がつけたか知りませんが、よほど漢学の素養があった人と思われます。

ところがこの揆一がひっくり返ると、いわゆる百姓一揆などという時の「一揆」になるわけです。もっともその一揆も、最初は決して悪い意味ではありません。昔の文献を見ても、「其の揆を一にすべし」〈みなが法則・基準を一つにして協力してやれ〉というふうによい意味に使われております。ところが宰相や為政者が堕落して基準にならなくなると、すなわち揆が揆でなくなると、これに対する不平・不満から暴動が起こる。それでその暴動のことをいつの間にか一揆というようになった。封建時代、大体それは農民から起こりますから、たいてい一揆は農民一揆であります。もちろん暴動にも首謀者、首領というものがおりますから、その首領が揆ということになる。最初は宰相についておったものが、とうとう暴動の首領につけられるようになってしまったというわけです。これは人間が堕落した証拠であります。

とにかく癸の年はその本義から言うて、いろいろ法則・原理を立ててはかからなければならぬ、企画・政策を立てて、一致協力してどんどん実行してゆかなければならぬ、ということになる。しかし実行するのはよいが、よく注意しないと、次第に揆が揆でなくなって、ついには悪い意味の一揆、騒動・争乱になる危険があるわけであります。

丑の意味

支の「丑」は、説文学から言うと、母のお腹の中におった嬰児が体外へ出て、右の手を伸ばした象形文字です。今まで曲がっておったものを伸ばすというところから、「始める」「結ぶ」「掴む」という意味を持っておる。丑に糸扁をつけると紐であります。

癸丑の意義

そこで癸と丑とが合して癸丑となると、どういうことになるか。その本義からいうならば、「善かれ悪しかれ新しく局に当たった者が法則・原理・原則に基づいて企画・政策を立て、それをどんどん実行していかなければならない」ということになります。また、「辛亥、壬子と発生してきたいろいろな問題が作用、組織・活動を始める」という意味になるわけであります。前二年間に内在し、発生しておった問題が次第に活発な行動に移る、それを悪い意味の一揆にしないでよい意味の一揆にする政策を着々遂行していかなければならない。それがよい方に進むと、在来の権力・政治に対して好ましい革新勢力が結成され、新しく行動を始めるということになるが、悪い方に進むと、革命勢力・破壊勢力が結束して活発な行動を始めるということになる。まことに物騒な年であります。

史実に見る癸丑の年

これを史実に見ますと、一つ前の癸丑は大正二年(一九一三)でありますが、よくこの干支の示す意味を実証しております。このとき誰が揆、つまり総理であったかと申しますと、桂《かつら》太郎でした。桂さんは長州藩閥の代表者の一人で、日露戦争によって令名赫々《かくかく》たるものがありましたから、民間から盛んになった政党勢力というものを快く思いません。ところが、その頃はまだ井上さんだとか、山県さんだとかいうような元勲がおられたので、国政が少し紛糾してくると、この元老をうまく使って問題を処理するので、いつからともなく藩閥打破・憲政擁護という声が高まっておりました。そこへもってきてまた妙なめぐり合わせで、桂さんが一時内大臣兼侍従長という地位につかれたことがある。これは天皇陛下を輔弼《ほひつ》する重職でありまして、宮中の仕事です。これに対して政治は政府の仕事ですから、府中といいます。この宮中・府中の別は明治時代を通じて非常にやかましい問題でありましたので、これをはっきりと区別しなければならぬ。これを混同すると袞龍《こんりょう》の袖すなわち天皇の威光をバックにしてどんな悪い事でもできる。徳川幕府においても、やはり大奥と老中というように一応区別されておりました。徳川三百年の歴史を通じて世の中の乱れたときは、その大奥の勢力が強くなって、これが老中を動かしたときであります。

桂さんは一度宮中に入って奥向きの仕事をやったのですから、歴史的建前からいっても、内閣を組織することは常識として許されぬはずであったのですが、それがどのような風の吹きまわしで総理になったのか。犬養毅《いぬかいつよし》、尾崎行雄等の党人が藩閥打倒・憲政擁護と言い始めたのは前年の壬子の秋でありますが、癸丑の年を迎えていよいよその声が高まりました。桂さんはその情勢を見て、これはどうしても自分の自由になる新政党をつくらなければいけないということに気がついて、立憲同志会をつくりました。その立憲同志会の発会式をこの年二月にやっておりますが、それよりも前に正月早々に全国の新聞記者が東京に集まって、藩閥打倒・憲政擁護の叫びをあげました。これが東京市民を刺激し大変なデモが起こり、政府の御用新聞社などが民衆の襲撃を受けるに及んで、結局軍隊が出動して鎮撫せねばならなかった。やがてそれが神戸に大阪に京都に広島に波及し、ついに内閣が倒れ二月二十日、山本（権兵衛）内閣ができました。

この年アメリカではカリフォルニアに排日土地法案が通過しまして、これがまた日本に大変な衝撃でありました。それから、その頃、思想的には初めて日本にサンディカリズム、マルキシズムというものがやかましくなってまいりました。さらに、いやなことでは北海道・東北地方が大凶作で、要救済民が九百万を超えました。また神田・沼津・函館などでいずれも二千戸内外が罹災した大火が続発しております。このように非常な不安と不穏、動揺の激しい年となったわけであります。

一方国外を見ますと、お隣の中国においては、辛亥革命で孫文《そんぶん》等が決起し、三百年の間中国を支配した清朝を打倒して、これで漢民族の新しい政権ができると思ったのも束《つか》の間で、清朝の重臣・軍閥の統領であった袁世凱《えんせいがい》が頭を出してきて、孫文等に抗したのが壬子の年であります（袁世凱がいわゆる壬人の代表）。そしてこの癸丑の年になると、九月南京を占領し孫文たちを排撃して袁世凱が大総統に就任したのであります。もちろんその過程においてはたいへんな闘争・動乱がありまして、孫文たちはついに亡命いたします。ところが、その袁世凱が初代の大総統に就任した中華民国に対して、わが国は隣国であるという故をもって、いちはやく翌十月これを承認しました。歴史が移りまして中華人民共和国を日本政府が壬子に当たる昨年（昭和四十七年）、これを承認し、実際に大使を交換して仕事を始めたのは本年、すなわち癸丑でありますから、偶然といえば偶然ですけれども、歴史に徴《ちょう》して怖いような気持がいたします。

それから、ついでに申しますと、中国では袁世凱打倒の騒ぎが安徽、江西、湖南、広東と至るところで発生し、中国は大動乱に陥りました。日本人を殺し、日本の国旗を侮辱した、いわゆる南京事件はこの時に起こったのであります。またこの年の七月にロシアの軍隊がアムール河（黒龍江）に進駐しております。

ずっと暮になりまして台湾独立事件というものが発覚しておりますが、これもなんだか考えさせられます。

西洋のほうを見ますと、この癸丑の年に決定的にドイツをはじめ各国が軍備大拡張をやり、それからついに第一次世界大戦の勃発に突き進んでまいりました。こういうことが癸丑という年を行動的、社会的、政治的によく表している大問題であります。

また百二十年前、すなわちもう一つ前の癸丑の年はどうであったかと申しますと、これがちょうど嘉永六年（一八五三）に当たります。この年はペリーが軍艦四隻を率いて浦賀に入港した年で、そのために江戸はたいへんな騒ぎとなりました。引き続いてロシアのプチャーチンが長崎へやってきて、これまた大騒ぎをしました。どうも中国やロシア、アメリカはこの当時から日本にとって免れることのできぬ相手国のようであります。

中国を見ますと、あの広西から起こりまして南シナを風靡したいわゆる長髪賊、洪秀全《こうしゅうぜん》が南京を攻略して太平天国を打ち立てたという時です。

西洋ではパレスチナ問題でロシアとトルコが戦争を始め、やがて英仏伊を巻きこんでクリミア戦争に発展いたします。

西洋史のついでに遡って申しますと、フランス革命がちょうどこの年になるのです。フランス革命はやはり癸丑の前の壬子、そのもう一つ前の辛亥の年から始まると申してもよろしいのでありまして、この時にルイ十六世が宮殿を逃げて蒙塵しようとしてパリで捕まり、それからこの辛亥の年にいろいろな革命分子が輩出し、テロリストがどんどん出て、マラー、ダントン、ロベスピエール等が勢力を振るい、癸丑の年にルイ十六世をギロチンにかけ、あの恐怖政治となりました。

このように癸丑の干支学的意味と歴史の経験から申しましても本年は甚だ穏やかならぬ年であります。この時に「揆に居る」者、すなわち宰相たる者は、この時局、国家を救済し、新しく推進していく根本原理、原則、政策というものを確立して、そして人材を集めてこの形勢を、破壊、暴動、革命というようなものに陥れないように政治を遂行していくということが絶対に必要なこととなるわけであります。これを誤りますと、悪い意味の一揆になりまして、いろいろの破壊革命勢力が勃然として起こるということを干支は顕示しておるわけでございます。

義・筋道を失った日本

ところが今日の日本は、政界を見ても、財界を見ても、どこを見ても、筋道とか、義とかいうものがまったくない。そのもっとも集中的に表れておるのが日中国交回復の問題であると言えましょう。今、中共はソ連の脅威に加うるに、あの文化大革命なるものによって、政治的にも、人材的にも、深刻な危機に陥っておる。これを救う一番の早道は、日本の工業力を利用することである。しかし今までのように、中共に阿諛《あゆ》迎合してくる者を相手にいくら工作しておっても、日本の政権を自由にしない限り、どうにもならん。そこで、政権を握っておる連中に積極的に働きかけ始めたわけです。したがって日本がそういう国に対するには、何が義かということを考えて、落ち着いて形勢を観望することが賢明かつ堅実なやり方であるはずであります。ところが日本の当局者は、お人好しというか、無知というか、その辺の事情を少しも考えずに、ただもう向こうの言うがままになって、あるいは一喜一憂し、右往左往しておる。まことに情けない限りであります。

そこで、そういう見通しが利き、筋道の立てられる、勇気や気節を持った達識の政治家が出て、てきぱきと問題を解決してくれることが一番望まれるのでありますが、なかなかそういう政治家は容易に出るものではありませんし、またそういう人が出られる政界の状態でもありません。特にこのたびの自民党総裁の交代などを見ておりますと、民主主義議会政治もここに窮まったという感じがいたします。

またこの頃財界人、実業人の間にも中共まいりが盛んに行なわれております。彼らはただ眼前の利のみを考え、向こうの厖大な人口に目が眩んで、中共との貿易に大きな期待を寄せるのですけれども、果して中共に阿諛迎合して、本当の利になるかどうか。中共の内部事情から見て、とうていこちらが考えるような消費市場になるとは思われないのであります。それよりも日台間の国交が断絶して、中華民国政府が報復措置をとって台湾海峡を封鎖するようなことにでもなれば、どれだけ日本にとって不利益になるかわからないのであります。

そもそも台湾と国交を断絶するということ自体大きな間違いであります。ご承知のように中華民国政府は、今でこそ台湾に行っておるが、終戦時に中国本土における正統政府であり、今日も多くの国がその正統政府であることを認めておる。日華平和条約はその正統政府と国際的に合法的に結ばれた条約であって、爾来両国は二十数年にわたって特別の友好関係を保ち続けてきたのであります。したがってその台湾と断交するというのは、道義的にも許されることではない。もしそういうことになれば、心ある世界の国々、特に東南アジアの諸国は、今後日本という国を信用しなくなるでありましょう。

いずれにしても癸丑という年は、干支そのものの含む意味から言うても、史実の上から言うても、動乱・戦争に特徴がある、——だから癸に戈をつけて戣《き》（武器）という文字まででできておる。——はなはだ嫌な年回りになるということが考えられます。したがって優れたよい意味の宰相が出て、国民生活に大事な企画・政策を樹立し、国民が一致協力して、着々実行してゆけば、つまり国民その揆を一にして努力してゆけば、はなはだめでたいのでありますが、それが逆の方にゆくと、それこそたいへんなことになる。しかも歴史の示すところは、干支の持つ善悪両面の原義の悪の方が多いだけに、今年ははなはだ心配な年と言わなければなりません。

甲寅 ——昭和四十九年

癸丑の年を送り、甲寅の年を迎う

毎年のことながら、いつもこの期に及んでは改めて感を新たにし深うするのが、いよいよ暮の近づくことである。「癸」は木の枝葉も草も枯れて、草むらに隠れていた水路も見えて、視野を遮るものもなくなった象形で、そこから揆《はか》る（計る）意となり、その標準・規則・規約・規格・法度・政策を意味し、やがてその至れるもの、すなわち宰相の職をも表すことになった。政治その宜《よろ》しき失い、法度が乱れると、正義を求めて反抗が起こる。これを一揆と呼んだのも妙である。

「丑」は「説文《せつもん》」に、「生れて始めて手を延ばす形」、すなわち「始め」であり、「結ぶ」であり、「畜養」の意がある。壬子《じんし》以来の形勢の複雑な動きを見る。

新年は甲寅《こういん》である。「甲」は「かいわれ」、草木の鱗芽が外に発現する形象で、「はじめ」を意味し、したがって「はじまる」とも訓《よ》む。また「狎」に通じ、「因甲于内乱」（書経多方）は「内乱になれる」である。さらにまた、創制の法令をも意味する。旧年の殻を破って新しい形勢が始まる。新政令も出る年ということを意味するが、これにもまた依然として狎《な》れやすい。

「寅」の字の真ん中は、手を合わせる、約束する象形で、下の八は人である。「つつしむ」の意があり、寅畏《いんい》という語がある。また寅は演に通じ、進展を意味する。敬《つつし》んで協力することを寅亮《いんりょう》ともいう。転じて同寅《どういん》と言えば同僚であり、同僚の誼は寅誼《いんぎ》という。志を同じうするもの相約し、敬んで時務を進めねばならぬのである。しからずんば畏るべきことになる。

前の甲寅は大正三年（一九一四）であった。一月早々、桜島大爆発、三十億トンの熔岩を噴出、死者九千六百。三月には秋田県下大地震。その間海軍の大不祥事シーメンス事件暴露、炭鉱ガス爆発頻出。富士山大鳴動、而《しこうし》て第一次世界大戦の始まり。この甲寅の年を旧習に甲（狎《な》）れずに大いに寅亮しよう。

（「師と友」昭和48年12月）

人間のわがまま勝手な理屈にうんざりしている人たちは、当然古来の勝れた賢哲の教えに改めて心を傾けるか、それも実は肩が凝るという面々は民間伝承の優れた智恵の言葉というようなものに強い魅力を感じている。近年送歳迎春ごとに、私が干支というものの新しい意義と教訓とを解説したのも、そういう心理の動きを察してのことであったが、この頃特にその要請が顕著になってきたようである。

　新年甲寅の「甲」はかいわれで、要するに旧来の殻を破って、新しい創成を始めることであり、革新政治にもなると同時に、甲は狎に通じて、狎れあってしまう。「寅」も本義は人が手を合わせて確約する象形で、進む意と共に、敬む意を大切とする。その誼を共にするのが同寅で、同寅は同僚のことである。同僚は互いに寅《つつ》しみ亮《たす》けあうべきものである。

　真の革新は厳しい問題である。今の日本は保守につらく、いわゆる革新に甘い。しかし今のような革新派は決して真の革新ではない。もはや古くなってしまっている革新で、現に、ヨーロッパでも各国にわたって労働党・社民党・社会党の衰退が顕著になっている。大衆の時代なるものが、もう堕落して、とっくに新鮮な意義を失い、つまり甲が狎になってしまって、寅《つつ》しみを失い、進歩がなく、大衆社会学者のオルテガ等が逸早く指摘したとおり、大衆的人間は旧来のものに何でも反対で、道徳も法律も秩序も無視し、大衆政党を通じてゆすりの世の中にしてしまった。いわゆる高福祉政策はその余弊に堪《た》えられなくなってきており、政治の偽善と、大衆に隠れる奸民の横暴は大衆国家を破滅に駆っている。今にして新たにつくづくと、「韓非子」に、「乱弱は阿《おもね》りに生ず」と論じていることを想起する。今年は参議院をはじめ各地選挙二百に近いと思う。これを寅清《いんせい》することは至難か。

（「師と友」昭和49年1月）

惰性を排し協力して創造・建設すべき年

今年の干支・甲寅（きのえ・とら）という年は、いろいろの意味からたいへん考えさせられる年であります。

甲寅の教訓

甲寅の「甲」はかいわれ、春になって樹の芽が冬中被っておった殻を破って出てきたすがた、つまり鱗芽が外に発現した象形文字であります。だから物事のはじめを意味し、はじまるとも読む。その芽がぐんとのびると申（伸・のびる）であります。またはじめという意味から、十分慎重にやらなければならぬので、つつしむという意味があり、新しく始めるところの法令・制度を意味する。ところが新しく始まろうとする機運にはあるのだけれども、人間というものは、ともすれば旧来の陋習になれてしまって、改革・革新をやらず、因循姑息《こそく》になり、すべてにだれてしまいがちであります。そこで甲は狎（なれる）に通じる。「書経」にも「因《よ》って内乱に甲《な》る」と言って甲を狎の意味に使っております。

それでは甲と組み合わされる「寅」は何を意味するか。寅の字の宀は建物、組織、存在を表し、真ん中の由は人がさし向かいになっておる象形文字で、手を合わせる・約束する・協力する意を表し、下のハは人です。だから〈つつしむ〉、〈たすける〉という意味がある。しかし助け合うには一人ではどうにもならない、志を同じくするものが助け合うのです。そこで寅には同僚という意味があって、同寅という熟語ができておる。助け合うというところから、寅亮という熟語もあります。また、助け合っていろいろの妨害・公害などを排除してゆきますので、昔の人は寅清という語を造っております。そうして初めて人間は進歩することができる。それが氵扁をつけた「演」〈のびる〉であります。演説、演技などの演は進展を意味します。

　しかし物事は進んできておるときに失敗するものである。その恐るべきものを古代農耕民族は虎で表現したのです。日常生活の中で彼らのもっとも警戒し恐れたものは何かというと、おそらく虎であったに違いありません。虎は黄河の流域から満州・朝鮮にかけて棲息し、昔は日本にもおったということでありますが、その恐ろしい虎を、干支の知識が民衆に普及するにつれて、いつしか寅に当てはめるようになったというわけです。何も知らない人は、寅に〈畏れつつしむ〉意味のあることを知らず、なにか景気のいいことのように思いこんでおる人がたくさんおりますけれども、意味は本当は反対であります。

　そこで甲寅の干支は、「旧来の惰性を排除し、協力一致して、大いに新しい創造・建設の活動を始めてゆかなければならぬが、それだけに誤ると、その反作用・弊害もまた大きいから、十分考えて慎重にやってゆかなければならぬ」ということを教えてくれておるわけであります。

歴史に見る甲寅の年

これは歴史に徴《ちょう》してもよくわかります。一つ前の甲寅は大正三年（一九一四）でありますが、この年の正月には桜島が大爆発を起こし、三十億トンの熔岩を噴出して、九千数百人に上る死者を出しております。桜島と大隅半島がくっついたのもこの時であります。あるいは北海道や九州で炭坑の大爆発が続き、富士山が大鳴動し、秋田では大地震が発生するなど、すこぶる異変の多かった年でありま す。また、内政・外政の上では、海軍の大不祥事であるシーメンス事件が暴露されましたが、世界を通じて最大の事件は、なんといっても第一次世界大戦の勃発であります。セルビアの一青年がオーストリアの皇太子夫妻を狙撃したのが発端となって、とうとう世界大戦に突入、日本は対独宣戦を行なって青島に上陸し、これを占領しました。日本はこの年をきっかけに、明治に終止符を打って、新しく国際舞台に進出し、近代活動を始めたわけであります。確かに甲、はじめであります。しかし残念ながら日本はこの時に寅〈つつしむ〉ことを忘れておりました。いわゆる成金が輩出して、民衆は奢侈《しゃし》贅沢に走り、頽廃・堕落していった。日本の今日の堕落は第一次大戦から始まったと言うてよろしいのであります。

もう一つ前の甲寅は安政元年（一八五四）です。この年、ペリーが再び日本にやってきて、ついに幕府はその圧迫に屈して日米和親条約を締結、その結果、ロシア、イギリスともそれぞれ条約を結ばなければならなくなり、国内は俄然として物論が紛糾してまいりました。そうして佐久間象山とか、吉田松陰とかいうような熱烈な志士が現れて、従来の社会秩序が大動揺を来《きた》して、やがて幕府が倒れて明治維新へと発展するのであります。

お隣のシナでは長髪賊の太平天国が出現、これが清朝倒壊の決定的原因となっておる。ヨーロッパでは、イギリス、フランスが連合して、ロシアを相手にクリミア半島で戦争を始めております。いわゆるクリミア戦争であります。

こういうふうに甲寅の年というものは、東西共にすこぶる多事多難でありまして、日本としても、本当に反省し警戒しなければならぬ年であります。しかしこれを単に世の中の問題、外の問題としてだけ考えておったのではだめでありまして、国民の一人一人が自己の問題として考えて、初めていかなる困難も乗り切ることができるのであります。

ところが人間というものは案外自分自身を省みないもので、たいていは他人ごと、あるいは世間のこととして興味を持つだけであります。「田中内閣はいったいどうしておるのか」というようなことは始終言うのですけれども、「それではあなたはどうするつもりですか」と訊ねると、何もない。そうして何か言うと、もう少し国がしっかりしてくれなくては困るということになって、最後は政府、内閣、政治家、役人の問題にしてしまう。これは無理もないことではありますが、しかしいくら政府や役人に註文したところで、なかなかうまくゆくものではありません。結局は国民みなが協力してやらなければなんにもならないのであります。

そういうことを国民のすべてが自覚して、それぞれ自己の本分を尽くしてゆくことが今日の危局を救う一番の早道であります。

最後に甲寅の干支に関連した迷信・俗説の中で、日常みなさんに卑近なものを一、二解説しておきたいと思います。迷信・俗説といっても、民衆の興味の通念というものは案外馬鹿にならぬものがありまして、すべてをしりぞけてしまうわけにはまいりませんが、それにしても、まるで無意味な、ひどいものが多いようであります。

五黄の寅

「五黄の寅」なども一例で、この場合、五はしばらく措《お》きまして、問題は「黄」であります。黄は太陽光線—赤・橙・黄・緑・青・藍・紫の七色の中色でありまして、「易経」にも「黄中」と言うております。今日、科学の実験によっても明らかなとおり、黄色光は物を育てる力がもっとも強くて、これを植物の種にかけると、発芽が早く、また生長も早い。だから昔から黄は王者の色として、万民を生かす帝王は黄色の衣を着、黄色の壁を塗り、黄色の瓦を用いる、というふうに黄色を用いてきたのには大いに意義があるわけであります。そこで学者の中には、「人類も銅色・白色人種よりも黄色人種の方が優れておる、日本人・中国人は世界の民族の中でも最も優秀な民族である」などと自慢する者も出てくる。これは大いに理屈のあることではあるけれども、堕落してはなんにもならない。また最近の百年、二百年は黄色人種が白色人種からさんざんやられた歴史であることを考えれば、あまり自慢はできません。が、ともかく黄というものは生命力の非常に強いものであります。

その強い生命力を持った黄に、さらに恐ろしい寅が加わるのですから、それこそどうなるかわからない、というところから、とうとう「五黄の寅の年に生まれた娘を嫁にもらうと、亭主は尻にしかれて頭が上がらない、それでは伜が可哀相だ」ということになってしまったわけです。しかしこれは丙午《へいご》（ひのえ・うま）と同様まったく意味がありません。まさに迷信でありまして、迷信というよりも誤れる信用、邪信というべきであります。

ただ長い間の人世経験から、生年にも意味はあるけれども、生月・生時には、もっと意味がある。丙午の日に生まれたものは男女共に、配偶関係において難がありやすいという傾向を持っておる。ところがその生日がいつの間にか生年に置き換えられて、しかも男女共にそうであるのに、男の方は忘れられて、一方的に女の方だけが言われるようになってしまったわけであります。やはり結婚というようなことになると、どうしても女は損ですね。こういう馬鹿馬鹿しい迷信は早く排除して、悩んでおる人を救ってあげなければなりません。

虎変・豹変

もう一つ虎については、〈従来表明してきたこととまるで違った変化をする〉という意味で使われる「君子豹変」、「大人虎変」という言葉があります。ともに「易経」革の卦から出ておる言葉でありますが、これがまた二つとも大変な誤解・誤用をしております。革の卦《け》は「䷰沢火革」で、これは鼎の卦「䷱火風鼎」と相《あい》俟《ま》って革新・革命、およびその後の建設の問題を説いた卦でありまして、その革の卦で一番大事な爻《こう》は五爻で、これは会社でいえば社長、内閣でいえば宰相という極めて大切な地位を表しております。一番上の六爻は、会社でいえば会長・相談役、内閣でいえば元老・顧問といった地位を表しています。

「易経」ではその革の卦の五爻を説いて「大人虎変す」と言い、虎変を「其の文炳《へい》たり」と註釈して、内閣ならば宰相が、虎の毛の輝くように鮮やかに自分の思想や態度をはっきりせよというのであります。私もいろいろ文献を調べてみましたが、もう一つ「虎変」の意味の首肯《しゆこう》できるものがない。

そこで動物学者に虎の特色を訊きましたところが、虎は夏から冬にかけて毛が生え変わるが、その生え変わった時の虎の毛は実に鮮明で思わず目を見張るものがあるということでありまして、私もそれを聞いて初めて合点がまいりました。つまり「虎変」ということは、悪い意味の変化ではなくて、例えば宰相ならば、従来なんだかはっきりせぬものがあったのを、虎の毛が生え変わって光彩を放つごとくはっきりさせる、国民が目を見張るくらいに自分の思想・信念、行動をはっきりするということであります。そうするとそれに応じて今度はその上の六爻、すなわち内閣顧問や元老が、自分たちの態度もそれにつれてはっきりさせる。つまり「君子豹変」するわけです。豹の毛も同じように変わるそうですが、虎のように鮮烈ではないそうです。いずれにしても、悪い意味において変化するのとは意味がまったく違うのであります。

現代の日本の国内情勢を見ても、これで説明ができると思います。狂乱といわれてとどまるところの知れない物価に、国民は言わず語らずに不安に陥っております。この時に、国民が目を見開くような感激を覚えるような、指導者の信念や面目の発揮がなければなりません。これが国家的にも国民的にももっとも大事な問題であります。

もちろん国民にも訴えなければなりません、また大いに自覚・発奮させなければなりません。しかし徒《いたずら》に人に求めて、特に政治の一番大切な衝に当たる者が、「国民よ、しっかりせよ」などと言っても始まりません。会社でも同様であります。大切なことは、言うよりもまず上に立つ者が形で見せることです。いわゆる虎変・豹変しなければならぬということです。易の卦で申しますと五爻以上の問題でありまして、四爻以下は補佐ですから、くっついていってもいいのです。それを逆に国民に向かって、「お前たちは、どうせい、こうせい」といくら言ってもだめだ、ということを「易経」が説いておるわけであります。

このように易の原典には「大人虎変し、君子豹変す」となっておるのですが、一般にはこれを変節改論の意味に解しておるのは大きな誤りであるとともに、残念なことでありま す。せっかく深遠な意味を持っておるこの言葉を無残に誤った使い方をしたもので残念に思います。正しい意味においては、まず内閣の総理大臣が大いに「虎変」しなければなりません。それにはやはり虎のように威厳があって力強い、時には少し凄みがあるというようでなければいけません。猫のようではいけません。しかしそうなれと言いましても偽物の虎ではいけませんから、難しいところです。「虎を描いて狗《いぬ》に類す」という言葉もありまして、さてとなるとなかなか難しい問題でありますが、こういう哲学、こういう信念は、我々が身につけておきたい活学であります。

乙卯 ——昭和五十年

乙卯の解

前年の「甲」は旧冬の寒を凌いで、草木の芽が春を迎えてその殻を破り、外に尖端を出した象形であり、「寅」は人間が宇下（軒の下）に相対して手をさしのべた象形で、共に〈約する〉〈扶けあう〉〈同僚〉を意味し、共に慎み亮《たす》けあい、進展を示す。すなわち旧弊を脱して新たに進歩すべき態勢を要するが、しかも甲は狎に通じ、空しく因循姑息《こそく》に堕しやすい。

「乙」は甲の芽がなお寒さや外の障害に逢うて屈曲する象形で、乙々《いついつ》と言えば、はかばかしくゆかず苦労する意である。「卯」の中の二筋は門柱、両側は門扉を開いた形、すなわち従来手をつけていなかった未開拓地の開発に従事する形であり、卯は茆《ぼう》で、茅薄《かやすすき》等の茂みを表す。そこでまず目につくものは兎の類であろう。それで卯が俗解で兎になったことも面白い。卯日大人とは兎のことである。卯の刻は夜が明けて活動を始めねばならぬ時刻、正卯は御前六時をいう。

乙卯《いつぼう》の年は、つまり去年から持ち越しの旧習を打破して、新たに着々開発に努力せねばならぬのであるが、なおも障害が強くて苦労せねばならぬ情勢を明示している。

前回の乙卯は大正四年（一九一五）、災害も多く、選挙騒動、内閣改造、袁世凱《えんせいがい》総統の中国相手に廿一ヶ条要請問題、排日暴動などあり、第一次世界大戦が進行した。その前の乙卯は安政二年（一八五五）。幕府政治はいよいよ革新の難局に入り、秋十月には江戸大地震、藤田東湖《とうこ》が圧死した。西洋では英仏同盟対露戦争である。

陰陽五行思想に因《よ》れば、乙は樹木であり、卯は正東であり、仲春の候に当たる。陽気が大切である。この年に当たっては陰気や、じめじめしたものはよくない。精神も生活も政治経済もすべて太陽の万物を生育するようでなければならぬ。日本と時局のために心ある人々のまた一参考に値いすることであると思う。

（「師と友」昭和50年1月）

紆余曲折する諸問題に苦労して取り組む年

時習の意義

今年（昭和四十九年）一年をしみじみと回想いたしますと、全体的に言って成績ははなはだよくなかった、と申して過言ではないと思います。先哲講座は、単なる抽象的、論理的知識・学問ではなくて活学、即ち直ちに今日の時習講座として、たえず時局の問題をも思索し、また忌憚《きたん》なく論評して、続けてまいったわけですが、その精神・学問から言うても、今年の成績は確かによくなかったと言える。ただ今「時習」ということを申しましたが、今日のような時代はとくにこの時習が大事であります。

　これについて世間にはとんでもない間違った解釈をしておる人が多数であります。この間もある会合で、相当な教育家でありますが、この「論語」学而篇の「学而時習之。―学んで之を時習す（学んで時に之を習う）」の一節を引いて、「我々はとかく日常生活が忙しくて、勉強が怠りがちであるが、やはりときどき思い出して勉強しないといけない」と話しておりましたが、時習とはそういう意味ではない。「時」はsometimes〈時々〉とか〈時に触れて〉、という意味ではなくて、その時、その機を失わずに、あらゆる経験を活用して学ぶのである。したがって時習を強《し》いて読めば、「これ（時）習う」とでも読むべきであります。しかしそれよりも、「じしゅう」と音読する方が間違いがない。それから「習」という字、これがまた活きた文字です。上の羽はね、下の白は、しろではなくて、鳥の胴体を表す。雛鳥が成長して、巣離れをする頃になると、ぼつぼつ親鳥の真似をして翔ぶようになる。それが習という文字。つまり体験する、身体で勉強する、活きた学問をすることが「習」にほかならない。したがって我々の日常生活、生活体験というものは、ことごとくこれ勉強の場であり、時である。人間はあらゆる機会・あらゆる場をいい加減にしないで、これを身体で勉強し、活用してゆかなければならない。これが時習ということの意味であります。

そういうふうに考えてくると、世の中に起こるいろいろの問題はことごとく時習である。例えば、最近政界に大変動が起こって、問題の田中内閣が倒れ、新しく三木内閣が出現しました。これなども、国民的時習の大きな一例であります。その意味においてこの年の暮も、文字どおり活きた学問、時習をさせてくれました。私どもはこの政変を、単に政界のこと、政治家のこととせずに、自分自身の貴重な活学の材料として、大いに時習しなければなりません。

乙卯の本義

来年の干支は乙卯《いつぼう》（きのと・う）であります。在来の殻を破り、春気に応じて新しく芽を出したのはよいが、すなわち甲になったのはよいが、それが真っ直ぐに伸びないで、いろいろ外界の寒気・抵抗に遭って紆余曲折する、というのが「乙」の字です。日本人はあまり使わぬが、乙乙という熟語がある。ああでもない、こうでもない、と紆余曲折・悩むことです。

「卯」は、「畏れ慎んで、お互いに助け合って、さらに新しく開発に従事する」という文字です。卯という字は本来「丣」で〈しげる〉であり〈かや〉です。これは、開拓しなければならないところを放っておくものですから草だの萱だのいろいろの草木が生い茂る、その代表が茆です。それでかやという字になるわけです。卯という字の真ん中の二本の棒は、これは門柱です。古い文字を見るとわかりますが、この外側は元は内側にあったのです。つまり扉で閉め切ってあったわけです。ところが、子―丑―寅と来まして、いよいよ新しく積極的に行動、開拓活動をしなければならない。そこで今まで閉じてあった扉を開いた、それがこの卯という字です。扉を開いたその内側には今まで閉じ込められておった未開拓地がある。もちろん草木も生い茂っておるに違いない。その茅や雑草の茂った未開墾地を思い切って開発してゆくのが卯であります。そういう未開墾地で一番目につくものは何かと言うと、兎であったでしょう。だからいつ頃からか卯が兎になったのもまんざらではない。

いずれにしても、「今まで紆余曲折しながら捨ててあった問題に新しく取り組んで、大いにやってゆかなければならぬ」というのが来年の乙卯の示す意であります。

だから新年は今年を承《う》けて、いろいろ問題が真っ直ぐに伸びないで、紆余曲折し、紛糾して、厄介なことになるから、これを切り開いてゆくのにはさぞかし骨が折れるだろう、ということが想像されるわけです。それだけに来年は、今年の非を大いに反省し、これを去って、慎重に、かつ有力な協力体制をとって、新しい行動に移らなければならない。しかし果してうまくゆくかどうか、はなはだ心配な日本の現状であります。

こういうふうに難局になってまいりますと、やはり大事なことは時習・活学であります。しかしこれは平生において心掛けておらぬと、どうにもなりません。先賢に学んで修養しないと、独りよがりになって、正しい判断・行動ができない。ただ頭がよいとか、器用だとか、いうだけでは何の力にもなりません。ところが、これは国民共通の弱点の一つと言ってもよいのでありますが、どうも日本人は学問・教養と世の中の実践活動とを分けて考えるくせがある。勉強は学校でやるもので、出たらそれで勉強は終った、後は世の中に立って実践だ、というまことに安易・浅薄な考えであります。

学校を出てからが本当の勉強

そもそも学校を卒業するという言葉が間違っておる。卒は終るだから、勉強もそれで終ったと思う。だから日本の若者どもは、学校におる間はなんとか勉強する。試験があるから本ぐらい読む。けれども一度学校を出てしまうと、もうそれっきりで、つとめしふるという勉強はしない。これは大間違いでありまして、本当は学校を出てからが勉強なのであります。学校の勉強などというものは、先生の言うことを聞いて、教科書に書いてあることを覚えておって、五十点以上とれば卒業できるのですから、簡単なものであります。

だから私も若い時に、同じ入るのならば一番難しい学校へ入ってやろうと思って、一高から東大に入ってみたが、あまりにつまらぬのでがっかりした。それで、高校の時は出欠をとられるので仕方なく出席したが、大学は半年ばかり出席しただけで、後は授業料を払う時と試験の時以外はほとんど行かずに、勝手なことをやってそれで終ってしまった。よほど頭が悪くない限り、学校の勉強などというものは誰にでもできることでありまして、出てからが本当の勉強なのです。

その点感心なのは外国です。例えばアメリカの大学あたりは、卒業をcommenceコメンスと言うておる。これは〈始める〉という意味です。日本は学校を出てしまうと終るのだが、向こうはこれから始めるというのです。この方がはるかに当たっておる、意義が深い。とにかく日本人は、学校を出たらそれっきりで、コメンスしない。世俗のことは覚えるけれども、貴い時習をやらない。だから学校を出てしばらくすると、たいてい馬鹿になり、ずるっこくなって、人間がだめになってしまう。ことに名士と言われるような人にそういう人が多い。そこでそういう名士を皮肉って、めいしはめいしでも⻌のかかった迷士だなどと言う。これが進むと、ついには何もわからぬ冥士になってしまう。この頃の名士を見ておると、確かに⻌や冖のめいしが多い。これは本当の意味の勉強をしないからであります。我々はいつまでも、これから始めるのだ、学校を出た時が始めなのだ、という心構えを持って時習してゆかなければなりません。

イギリスの近世に大きな感化を与えた人に、ニューマンという名高い枢機卿があります。この人が常に「人は終りに近づくことを憂うるなかれ、いまだかつて始めらしい始めを持たざりしことを反省せよ」と力説しておりますが、年をとってみると、なおしみじみとわかる。人間はやはり、終りに近づいたことを考えたり、憂えたりするよりも、「俺はいったい今まで何をしたか、ようし！　これから始めるのだ」という覚悟を持たなければいけません。

したがって今年の成績の悪かったことなど、いまさら悔やむ必要はない。悪かったら悪かったで来年に光明を抱いて、乙卯らしく勇敢にやってゆかなければいけない。それにはまず反省することが大事でありまして、よく省みて、つまらぬことを省《はぶ》いてゆく。そこで初めて、また新しい仕事ができる。乙卯の卯はそのことを教えておるわけで、省みてつまらない雑草を刈り取って、開拓を進めてゆくのです。人間にとって「省」〈かえりみてはぶく〉ということは本当に大事なことでありまして、したがって今日でも役所に、文部省、外務省というふうに省の字がついておる。木でも同じことで、枝葉末節の繁茂が一番いけない。そこで剪定《せんてい》をやって無駄な枝葉をはぶくわけです。人間は省を忘れると、名士になるにしたがって、迷士になり、ついには冥士になってひっくり返ります。

甲寅の日本の政治が落第点であったというのも、結局は省〈かえりみてはぶく〉ことが足りなかったからである。もちろん政府ばかりが悪いのではなくて、国民も共通の責任があるわけですが、なんと言っても国民を代表するのは政府でありますから、やはり政府の責任は免れないわけで、その政府に反省というものがなかった。これが不成績であった一番の原因であります。古今の大宰相と言われた蒙古の耶律楚材《やりつそざい》は、

「一利を興《おこ》すは一害を除くに若《し》かず。一事を生《ふ》やすは一事を減《へ》らすに若かず」

と言うておりますが、日本の政府は、増やすことばかり考えて、減らすことをしなかった。もちろん政府ばかりでなく、国民全般がそうでした。特にひどいのは左翼運動で、中でも国鉄の動力ストなどは滅茶苦茶です。インフレ、狂乱物価を攻撃して、かかるが故に賃上げをしろ、インフレ手当をよこせと、それもべらぼうな額を要求して、取ることばかり考えておる。あれはひっくり返った考えで、本当はもっと早く賃金・物価の凍結ぐらいはやっておくべきであったのです。そういうことをやってもなかなかうまくゆかぬので、アメリカなども困っておるわけですが、日本ほどひどくはない。やはり為すべきことをどの程度かにやったからである。それに較べると、日本は何一つやらなかった。そのためにこういう経済的にも困難に陥ったのであります。

国鉄のごとき、もし彼らの要求どおりにインフレ手当や賃上げを実行すれば、おそらく人件費が全収入を要するでしょう。現在でさえ人件費が収益の七十パーセントを占めてお

るのです。親方日の丸だからできるので、民間の会社であったならば、とうていあり得べからざることである。普通の会社は、人件費が五十パーセントを超せば潰れてしまう。その上になおインフレをなんとかしろ、物価をなんとかしろ、と言うに至っては狂人沙汰も甚だしいと言わなければならない。またそれをぴしっと教え誡めることができないのは、いったいどういうわけであるか。つきつめれば票に関するからであるというのであれば、そうしてそれが民主主義だとすれば、民主主義政治・投票政治というものは根本的にだめだということになる。こういう反省が何一つなかった。したがって乙卯の来年は、因習で生い茂っておる悪風潮をまず刈り取り、その辺にうろちょろする兎を捕えて、新しい開発に従事しなければなりません。

知識・見識・胆識

それではなぜこういうふうに堕落してきたか。要するに学ばざることの祟《たた》りであると言うてよろしい。人間は学ばぬと見識が立たない。いつも申しますように、識にもいろいろあって、単なる大脳皮質の作用にすぎぬ薄っぺらな識は「知識」と言って、これは本を読むだけでも、学校へのらりくらり行っておるだけでも、できる。しかしこの人生、人間生活とはどういうものであるか、あるいはどういうふうに生くべきであるか、というような思慮・分別・判断というようなものは、単なる知識では出てこない。そういう識を「見識」という。しかしいかに見識があっても、実行力・

断行力がなければなんにもならない。その見識を具体化させる識のことを「胆識」と申します。けれども見識というものは、本当の学問、先哲・先賢の学問をしないと、出てこない。さらにそれを実際生活の場において練らなければ、胆識になりません。今、名士といわれる人たちは、みな知識人なのだけれども、どうも見識を持った人が少ない。まだ見識を持った人は時折りあるが、胆識の士に至ってはまことに寥々たるものです。これが現代日本の大きな悩みの一つであります。それがこの暮になって暴露したということができます。

特にこういう局面に当たる人、公の立場にある人にとって、忘れてはならぬ二つの重要なことがあります。

出処進退・応対辞令

一つは「出処進退」。

如何《いか》に出るか、処するか（おるか）、進むか、退くか。出処進退というと、たいていの人は出ること・進むことばかりだと思っておるが、決してそうではない。ことに政治家などには如何に処するか、退くかということが大切であります。

今一つは「応対辞令」。

平たい言葉で言うと、少し意味が足りないが、「対話」ということです。出処進退といっても、人間が相手ですから対話ができなければいけません。この頃の政治家・議会人というような人を見ておると、実に応対辞令が粗いですね。例の石油問題が起こった時に、議会の連中が財界人を引っぱり出して、いじめたと言っては悪いが、いろいろ詰問した。あれなどを見ておっても、両方ともに応対辞令がまるでなっておりません。

それに較べると、西洋の政治家は違う。チャーチルやド・ゴールにしても、対話がうまかった。彼らは千軍万馬を往来して、その間に活学をやっておる。ド・ゴールなどはそれほど学問はなかったが、さすがに見識・胆識があった。かつて池田総理が彼と会見した時に、話が経済に関することばかりであったので、後で彼が「日本の総理はまるでトランジスター商人のようだね」と失礼なことをいって話題になったことがある。一国の総理大臣ともあろうものが、経済の話しかできない、という彼の皮肉です。佐藤さんがまだ総理になる前でしたが、アメリカへ行った時にケネディを訪ねたことがある。そうして話がたまたま終戦のことに及んだ時に、佐藤さんが、あの時自分が一番感動したのはシュヴァイツアーであると言って——シュヴァイツアーはヒットラーのドイツが連合軍に降伏したことを知るや否や、ドイツ語訳の「老子」を携えて庭に立ち、「戦い勝ちたるものは喪に服する礼を以てこれに処す」という一節を誦してお祈りをした——という話をした。するとケネディは「それは知らなかった」と言ってすっかり感動し、それまでのお義理的な態度をすっかり改めて、時間もかまわず佐藤さんと真剣に話をしたということです。政治家・大臣というものはそれくらいの見識・教養がなければいけません。ヨーロッパやアメリカの政治家にはまだそういうものが厳として残っておるのであります。

今日の日本は出処進退・応対辞令が乱れておるばかりではなく、いかにも品が悪すぎる、低俗すぎる。人間としてできておるとか、権威とかいうものがなくなってしまっておる。これは今の日本の教育が、いわゆる学校教育・知識偏向教育になり、昔のような家庭教育・家塾教育がなくなって、たいせつな人間の学問・修養というようなものがまったく欠けてしまっておるからである。そこでぼつぼつそういうことに気づいて、研修研修とあちらでもこちらでも研修がたいそうはやるようになってまいりましたのは、そのこと自体まことに結構なのでありますが、しかしそうなると、今度は先生がいない。せめて新しく総理が出たような時には、そういうことを強調して、国民が襟を正して謹聴するような演説をやってもらいたい。また新聞・雑誌などの記者との対話の中にそういうことが伝えられるようにならなければいけません。そういう点がまことに足りない。しかしこれは一朝一夕に得られるものではありません。

今度もやっと新しく三木内閣が誕生いたしましたが、来年はずいぶん困難な問題とも取り組まなければいけませんし、よほど今まで申したようなことを踏まえて本格的な出方をしないと、それこそ間に合わせは間に合わせで終ってしまう。これは政治家の大きな活学の問題でありますが、いろいろ内外の状況などと合わせ考えますと、乙卯の来年は本当に心もとない気がいたします。

乙卯の年は天変地異が多い

歴史的にみますと、この前の乙卯は大正四年（一九一五）で、ちょうど第一次世界大戦の最中です。中国では排日暴動が起こり、また内政面でも非常に多事で、災害も多く、有名な大浦内相による選挙干渉問題が起こって、そのために大隈内閣の再編成をやっておる。さらにその前の乙卯は安政二年（一八五五）であるが、内外情勢はいよいよ非常になり、秋には江戸に大地震があって、有名な藤田東湖が圧死しております。

というようなことで乙卯の年はどうも天災地変が多い。しかしいかなることが起ころうとも、またいかなる紆余曲折があろうとも、その難関を突破して、今まで手をつけることのできなかった困難な問題に取り組んで、着々決着の歩を進めてゆく覚悟だけは、みなそれぞれの分に応じて持たなければならない。それが一灯照隅行というものです。

六中観

しかし、ただ口で一灯照隅を言うだけでは、空念仏・空題目に終ってしまう。それを具体的にいかに実践するか。その時に一番役に立つのが、かねて私が提唱してまいりました「六中観」であります。

「忙中　閑有り」——閑ができたら勉強しよう、などと考えてもだめであります。閑のある人はたいていあくびをして呆けたようになっておる。閑というものは忙中にあるのです。またそれでなければ本当の閑ではない。閑という字は、門を入ると木立があって、しづかでしーんとしておる、という字ですから、何もないのではない、心の落ち着いてしずかなさまが閑なのです。

「苦中　楽有り」――苦・楽は相待的なもの、苦の中に楽があり、楽の中に苦がある。お茶でも、あの苦いタンニンの中にあるカテキンが甘いという。人間も苦しんで学ぶところに楽がある。したがって寝ながら、あくびしながら読めるような本をいくら読んでも、読書の楽しみ、学問の楽しみは味わえない。

「死中　活有り」――田中総理にしても、もうどうにもゆけなくなったところに本当の活きる道があったわけですが、しかしこれはなかなか難しいことですね。

「壺中　天有り」（漢書方術伝・費長房の故事に出《い》ず）――俗世間の中に生活しながら、その中にあって本当の自分だけの世界、別世界を持つ、またそれを求めてゆく。

「意中　人有り」――恋人も意中の一人に違いないが、人間は何につけても意中に人を持っておることが大切です。事業などをやる時はなおさらのこと、私生活でも、病気をした場合はどの医者にかかるとか、困った時はどの友達に相談するとか、いうふうにいつでも意中に人の準備がなければいけません。

「腹中 書有り」――腹の中に書がある、信念・哲学を持っておる。平たく言うならば、愛読書を持っておるということです。

以上六つ。六中観は本当に、味わえば味わうほど、用うれば用うるほど、繰り返せば繰り返すほど、滋味津々たるものがある。私がこの年になるまで無事にやってこられたというのも、この六中観があったからであります。まあ、そういうところに学問の面白みがあるわけでありますが、とにかく今日の日本を救うには、活学を興して活人をつくる、これよりほかに道はない。それまでは、ああでもない、こうでもないで、何党が政権を取ろうが、混迷の時代は続く。少なくとも今・明年はそういう厄介な、心苦しい世の中になるだろう、と私は覚悟しておるのであります。

乙卯の年を送る

今年も、いつのまにか早くも暮れることになった。思えば乙卯の干支どおりの時世であった。せっかく殻を破って新芽を出した甲も、狎〈因循姑息〉に終ったと同様、乙も文字どおり、紆余曲折して真っ直ぐに伸びず、卯は茆字のとおり、草茅生い茂り、猪や兎がうろうろして、新しい開発も行なわれず、諸事いたずらに紛糾して、空しく丙辰の年を迎えることとなった。時勢の要請が因循姑息を許さず炳乎《あきらか》になり、辰字（貝が蓋を開けて実体を出す象形であり、震動の震に通ずる）のとおり、来年は時勢が活動的になるであろう。時勢の要請や使命に応じて真に有力な人材の身を挺して事に当たることが大切である。近時では、真に日本を愛し、日本を観じ、日本を悲しんだ英国の思想家・詩人カーカップJames Kirkupが四年も前の年の暮に、「経済的な大打撃、超インフレ、動きがまったくとれない不況などが、現代日本を救済する神の恩寵になるかもしれない。あまり残酷な手段だが、壊滅的な地震もその目的を果たすかもしれない。誰も彼もみなゼロから再出発しなければ、精神的文化的な立て直しはできないだろう。そして日本の復活が正しい方向に進んでいるかどうかを確かめるために、先頭に誰か、近代日本にかつて無かったような強力な指導者を得なければならない」と言っているのを忘れないが、ただし彼はその次に、「地震は明日起こるかもしれない。しかし偉大な政治家は今日の日本が生んだこともなければまた将来生みそうにない」と言った。不幸彼の言にして的中するなら、日本は深刻な破局を迎え動乱を免れぬであろう。そこまでくれば日本はまた維新の道が開けると思う。それがいかなるものであるかはここに略説することはできない。深甚な検討を要することである。

（「師と友」昭和50年12月）

丙　辰 ——昭和五十一年

歳暮情話

密行習静

「学を為《おさ》めて悪慧を求めんよりは、むしろ無学にして自己を存せよ」と沢庵《たくあん》禅師は痛烈なことを喝破している。思想・学問・言論がいかに悪用されておるか、その弊害は測り知れぬものがある。「門しめて黙って寝たる面白さ」とは誰の作か忘れたが、その風貌がしのばれる。「聖賢は密に行ず。内智にして外愚なり」（唐・道宣）。文明の末期症状を思わせるこの頃、身に沁みて、沢庵の語と共に忘られない。とにかくこの頃の世の中は騒がしい。議政も紛議であり、民衆も何かというと叫ぶ、デモる。やはり一種の末期症状というべきであろう。健康な身体も精神も静かである。治まれる世も静かである。神の道が静かなのである。人物も修養ができれば、男も女も静かである。それが騒がしくなれば、すべて、騒動・堕落・荒廃・破滅を現出する。さてまた方々で知人から年の干支の意義を問われる。因《よ》って、聊《いささ》かここに解説しておこう。

丙辰の真義

説文《せつもん》関係の諸書より考えると、「丙」は一と入と冂よりできておる。一は甲乙に続く陽気の発達であり、冂は物の左右に張り広げた形で、陽気・活動力が進んで発展することを示す。そこで「陽道著明」（律書）、「明は丙に炳《あき》らかなり」（律暦志）、「其物炳明」（白虎通）などとあり、「丙は炳なり。物生じて炳然、皆著明なり」（釈名《せきめい》）というような解が行なわれ、昞・昺・炳等みな同義で、この丙に心（りっしんべん）をつけた怲を憂うという意に用いるのも忡字などと共に興味深い。柄も木の四方に延びた枝であり、役に立ち、力・権力の意となる。これを用いて利器の柄となし、重く用いることを柄用といい、権力を握る臣を柄臣と称する。この頃は大衆を煽動する柄人が多い。

「辰」の字も多くの考注があるが、手で崖石を動かす象とする説など、「卯」が未開墾地の開拓をも意味することを受けて面白い。また一説には辰は蜃の本字で、固く殻を閉じておった貝が陽気につれて殻を開け、中身を出して動く象としており、前掲の釈名に「辰は伸なり。物みな伸舒して出ずるなり」とあるのも首肯される。煩瑣な考証は措《お》いて、これを要するに前年の乙卯《いつぼう》が、余寒のために思うように伸びなかった陽気・活動力がぐっと伸びて活発になり、震動することである。

これらのことを綜合して、これを現実の時世に照らし合わせると、やはり思い当たることが多い。乙卯の年もやがて暮れ去るが、時勢は雑然紛然として要領を得ず、政治・経済すべて曲がりくねり、開発はかけ声ばかりで、諸事かけ声倒れに終り、革新・革命も空騒ぎに終った。新年はそれで済まない。是非善悪・成敗利鈍は別として、騒ぎは大きくなろう。天体も何か異変が始まりそうで、七七年頃から地球の外の惑星が、順次に太陽から（太陽に対して地球と同列の方位に在るを合といい、太陽を中心に、地球と反側に回るを衝という）地球と同列に並び始め、一九八二年にはすべて揃うらしい。丙辰《へいしん》（ひのえ・たつ）がどうなってゆくか、天地に祈るべきところである。

一回り前の丙辰

一回り前の丙辰は大正五年（一九一六）であった。正月早々大隈首相要撃事件が起こり、秋には大隈内閣の総辞職となった。六月には加藤・原・犬養《いぬかい》三党首会談が行なわれ、政党政治の確立を約し、十月には全国記者大会で、閥族官僚政治排撃が行なわれた。吉野作三教授が憲政の本義と有終の美を済《な》すべきを力説したが、今日顧みて感慨無量である。中国では問題の袁世凱《えんせいがい》が死んだ。孫文《そんぶん》猶興の前年である。欧州ではヴェルダン攻撃・英独大会戦、ドイツは無制限潜水艦作戦を開始した。アメリカのウィルソン大統領は交戦国に和平を提唱した。胡適《こてき》らが文学革命を唱導したことも忘れられない。わずかに六十年前のことであるが、しみじみと世の移り変わりに感慨を催すではないか。

それにつけても私は日本の現状に深刻な暗愁を覚える。くどいことは措くとして、結論的に言って、一般に男たちはいかなる理想に生きるかという気概を失い、女たちはいかなる男女を本当の男女とするかの良識や本能的知覚まで薄れており、生活は共に放縦軽薄で、まさにトインビーと並称されたオルテガも慨歎したとおり、a-moral 無道徳より un-moral 放道徳（道徳など関係ないとする）というべき状態ではないか。日本人よ、自滅するな！と祈請せざるを得ない。

日計・歳計

歳を終ろうとするに当たって、ふと日計・歳計という面白い寓話が念頭に浮かんだ。「荘子」に庚桑楚という一篇がある。その中に、老子の弟子の一人に庚桑楚という知事がおった。彼は甚だ変わり者で、いわゆる頭のよい理論家や、気《き》障《ざ》な慈善家などを退けて、あまり理屈っぽいことを言わぬ鷹揚な人物と、忠実で勤勉な人物で、どちらかというと、いずれも前二者からは馬鹿扱いされている両様の人物を用いて、三年にして、その地方の政績が大いに挙がった。民衆は初めのうちは、どうも変わった長官だと思っていたが、今になって考えてみると、その日その日の勘定は足らぬようであるが、年中の総決算をしてみると、ちゃんと余りが出ている。まさにプラスだ。こういうのが聖人・達人というのだろう。どうだお互いにこの長官を表彰しようではないかと言いだした。それを聞いた庚長官はご機嫌が悪い。弟子が不審に思って尋ねてみると、「天道を見よ。至れる人もまたそのとおり、一室に形代《かたしろ》のようにただおるだけで、人民は自由に栄えてゆくものだ。今こんな田舎の細民を以てして、わしを大仰に祭りあげようとするなど、わしもまだ民衆の目につく程度の人間にすぎぬのか。これじゃ、まだたいしたものではないわ」と言った（以下略）。同様の話が「列子」の中にもある。

道徳家と政治家

斉《せい》の桓公《かんこう》を輔《たす》けた名宰相の管仲《かんちゅう》が病重くなった時、公は管仲の枕頭に敢えて問うた、「仲父（敬親の呼び方）よ。仲父の病気は重い。万一ということもある。そういう時、誰に国政を委《ゆだ》ねたらよいか」。管仲は言った、「公は誰にしようとお考えですか」。公、「鮑叔牙《ほうしゅくが》はどうだ」。――「管鮑の交」という故事成語があるほど、二人は莫逆の親友であることは言うまでもない。

「いけません。彼はその人となり廉潔の善士であります。自分に及ばぬような者を相手にしません。一度人の過《あやま》ちを聞くと、終身忘れません。これに国を治めさせたならば、上は君に鉤《さから》い（鉤は釣針であるところに妙味がある）、下は民に逆らうでしょう」

公、「それでは誰がよかろうか」。管仲は答えた。「やむを得ねば隰朋《しゅうほう》がよいでしょう。その人となりから申しまして、上も下も彼の存在が苦になりません。彼自ら黄帝にしかぬことを愧《は》じ、そして己《おのれ》に及ばぬ者をば憐みます。徳を以て人に分《わ》かつを聖と申します。財を以て人に分かつを賢と申します。賢を以て人に臨んで人を得た者はありません。賢を以て人に下って人を得なかった者もありません。彼はその国においても聞いて聞かぬことができます。その家においても見て見ぬことができる人物です。やむを得ねば彼がいいでしょう」。

まことによい問答である。政治は民衆と為政者との両面にわたって大いなる調和と化育とを図ってゆくことであるから、本能的に寛容な、そして克己の努力を苦にならぬようにしとげてゆく、上下のいずれにも調和のよい、正しい、練れた人物を要する。これが政治と道徳との微妙な対照で、つまり鮑叔は道徳家で、隰朋は政治家である。現今の世の中にはこういう政治家が欲しいものだ。この世を挙げての甚だしい堕落ぶりでは、明日の宰相を得ることは至難と思う。

（「師と友」昭和50年12月）

善悪ともに問題が活発化する年

丙の意味

今年の干支は丙辰であります。まず干の「丙」は、一と冂と入から成っておる。上の一は今年の「乙」を承《う》けて、陽気、活動が一段と伸びることを表し、冂は左右にカコイを張りめぐらした形、入はそのカコイの中に入ることを示しておる。つまり丙は、陽気、活動が一段と伸張して、それぞれの域内に入ることを意味しておる。言い換えれば丙は「それぞれの分野において、ぐずぐずすることなく、積極的に活発にやってゆかなければならぬ」ということを教えておるわけです。そこで丙には〈さかん〉という意味があり、また「丙は炳なり」で、〈あきらか〉という意味もあります。それを五行思想、自然現象で言いますと、火が一番燃え広がりますから「ひのえ」という。

文字学をおやりになるとますます面白くなるのでありますが、一番明るいのは日ですから、昞という字がありますが、これは明るいということです。また次に明るいのはおそらく火でありましょう。火扁をつけると炳然《へいぜん》という言葉で、これも明るいという字です。

また、活動がさかんになるということは、古代人にとっては農耕、農業開発が盛んになることですから、丙に木扁をつけて、農耕に最も大事な器具をつくる木、つまり柄の字ができる。そしてその柄はそれでもっていろいろな活動をするわけですから、活動力、支配力のことを柄の字が表し、これに権という字を上に置くと「権柄」という言葉になります。権力を振り回すことを権柄というようになるわけです。

さらに丙の〈あきらか〉という意味から、人間、物事があきらかになってくると、わかってくると、いろいろ心配するようになる。そこで丙に忄扁をつけて怲〈うれえる〉という字ができてくる。そういうふうに辿ってゆくと、文字というものは本当に興味の尽きないものであります。

今年は丙年ですから、物事がみんな明らかになってわかってくる。今までいい加減にしておいた物事がはっきりしてくる。そこで行動的にならざるを得ない、ということになると権力的活動も必要になってくるわけであります。群衆と混乱じゃだめですから、やはり支配力というものがものを言うわけです。つまり、しっかりした権力というものを打ち立てなければ何もできないということになるわけです。しかし、それは非常に明らかなことで、物事がよくわからなければならない。それは同時に非常な心配なことなのであります。

だから、今年は好むと好まざるとにかかわらず、今までのようなただウヤムヤではいかんので、善かれ悪しかれもっと権力的にならなければならない。政府がいけなければ、今までの支配階級に対する反抗勢力が権力的になってくる。ということは、暮の国鉄の争議などを見てもよくわかるわけであります。

辰の意味

ところがさらに問題なのは、その丙に組み合わされる「辰」であります。

「辰」は震に通ずる文字で、伸の義と解するなど、いろいろな解説があります。説文学から言いますと、要するに寅、卯と来まして、ここで初めて非常に陽気に行動的になる。物事の活動力が依然として盛んになるわけです。時間でいうと午前七時から九時、中をとって八時。四季で言うと本当の春、春から初夏にかけるわけですから、物事が活発になる。文字学の解説もいろいろありますが、面白く思う解説によると、辰の厂は崖を表す。初めは門を開いて中へ入ろうとしたら草や木が茂っておった。それを刈り取ったり何かとやっているうちに、ブルドーザーででも突き崩さねばならない崖にぶつかる。その崖を辰の字の厂が表すわけです。この中は、その下に働いておる人の姿であります。問題はこの崖を崩す、つまり障害物の取り払いです。また、春が陽気になってくると、今まで水の中にあって貝が蓋を閉じておったのが、その蓋を開けて中身を出す蜃という字であるという解もあります。

辰に自然現象を加えると地震の震であります。つまり、非常に活動的、震動的になるということです。だから手扁をつけると振という字になる。その他貝扁をつけると賑という字になる。そういうことでみんな解釈がつくのであります。とにかく「辰」は、「今まで内に蔵されておった、あるいは紆余曲折しておった陽気、活動が、外に出て活発に動く」ということを意味しておるわけであります。

したがって今年は、善悪共にいろいろの問題が活発に動いてくる、外に出てくるわけですから、今年のような紆余曲折、因循姑息は許されない。それだけに今年は気合のかかる、情熱をわかす年であるとも言えるわけです。

ところが、果して今日の日本はその丙辰の意味するとおりやってゆけるかとなると、はなはだ以て危懼の念を懐《いだ》かざるを得ないのであります。中でも最も不安に思うことは、今日の日本の空気というか、社会の雰囲気が、あまりにも暗すぎるということです。これは個人で言えば気分・気持というものでありまして、人間にとって気分・気持の暗いということほどいけないことはないのであります。

それにつけても思い出すのは、アメリカの詩人、ジェファーズの言葉です。この人は、なかなかの学者でもあり、哲人でもありますが、現代のアメリカ社会の雰囲気を嫌って孤島に渡り、詩作や読書に耽った、いわばアメリカ版の陶淵明とも言うべき人であります。その彼が「なんとなく憂鬱な空気が、それも世の中、人間に反感を持ち、これを憎悪するような不快な空気が、現代のアメリカ社会を包んでいる」と言うておる。また、これに共鳴した政治学者で歴史学者でもあるカール・ベッカーは、その不快な雰囲気を解説して「それは人間の精神とか、理性・道徳といったものに反発する感情である」と言うております。

スペインのオルテガと言えば、よくトインビーと並称される、新しい社会学——大衆というものを考察した社会学の大家でありますが、彼はその著『大衆の叛逆』の中でこういうことを言うておる。「近代社会を代表する勢力は大衆であるが、その大衆が次第に堕落し変質して、もう昔の民衆が持っておったような純朴とか、正直・堅実といったものがすっかりなくなってしまった。とりわけ精神とか、道徳とかいうものを嫌い、a-moral—無道徳からさらに進んで、un-moral—反道徳の風潮になってきておる。これは明らかに病的であり、異常である」。

この大衆の頽廃・堕落がもう少し進むと、大衆がmobになって、大事な国家・民族の政治をモッブが支配するようになる。モッブ・ルールになる。デモクラシーがモッブ・ルールになって、モボクラシーになる。終戦後、アメリカ軍が日本に進駐して来た時に向こうの心ある人々は、日本のデモクラシーを評して、「日本人はデモクラシーの最後の一字を間違えた、デモクラシーがデモクレイジーになってしまった」と言うたが、確かにそのとおりであります。今日の日本の民主主義というものは、およそ民主主義などというものではない、デモ狂である。そして、精神も道徳もあったものではない、という風潮は、まさに異常と言うよりほかはありません。その典型が国労や動労などのストでありまして、こういうものをそのままにしておくと、やがて大混乱に陥ることは明瞭であります。

丁巳 ——昭和五十二年

丁巳の本義

本年の政局はほとんど児玉ロッキード問題で明け暮れたと言ってよい。まことに愚かなことであった。幸いに周辺を見回すと、北鮮は極度の疲弊と内紛、中共はついに内乱政変、ソ連も政情不振等で、日本はいわゆる愚者の楽園 Fool's Paradise を維持できたが、外国識者をして、「昨今世界で最も反日的なのは日本国民である」と皮肉な冷評を受ける始末で、誰もが来年はどうなることかと内心不安を包みきれぬ実情である。その反映の一例で、来年の干支はどういうものですかと尋ねられることが多い。煩わしいからこの歳末号に略説しておこう。老婆心の一事でもある。

今年は丙辰《へいしん》であるから、来年は当然丁巳《ていし》、国訓のひのと（丁）み（巳）となる。それで巳をよく「み」という人が多いが、巳の音はシで、ミは訓である。「丁」は説文《せつもん》学的には釘の象形で、一は釘の頭、亅はその足とも言う。それよりも一は丙の一の続きで、陽気が延び、咲き茂った花がその重みで垂れ下がった形象を亅が表すことを通解とする。これに対して巳は地中の動物、たとえば蛇が地中より這い出す形で、後漢の名文献「白虎通」にも、「巳は物必ず起こるなり」と言っている。つまり丙辰の年からの動きがいよいよ延びて、そこへ今まで伏在しておったいろいろの人物・問題等が続々表面に出て活動することを表示するものである。

この前の丁巳は大正六年（一九一七）で、内外多事、年頭早々横須賀で軍艦筑波が爆沈し多くの死者を出した。新聞記者による内閣（寺内）弾劾《だんがい》大会が行なわれ、四月には総選挙、五月には米沢大火、焼失家屋二千三百戸、九月には東日本大暴風雨、流失家屋四万三千戸。行方不明千三百に上った。西では何よりもかのロシアの内乱で、十月末レーニン等蹶起《けっき》して、十一月七日の革命暴動となった。中国では孫文《そんぶん》が広東に軍政府を組織した。歴史の回顧は無限の感興を誘発する。さてわが日本はどうなるか、どうするか。

（「師と友」昭和51年12月）

新旧勢力が交錯する年

昭和五十二年の今年は丁巳（ひのと・み）に当たります。丁巳をてい
みと重箱読みする人

が多いようですが、本当はていいしでなければいけません。

丁の意味

丁巳の「丁」という字は文字学から考察すると、昔からいろいろの解説がありますが、最もわかりやすくかつ当を得たと思われるものをご紹介しますと、丁の上の一は、陽気の代表的な干である去年の丙の上の一（一は陽気を表す）を承《う》けて、さらに陽気が進んだ段階を示しております。したがって、春から延びてきた陽気の最終的段階、季節でいうならば四月、五月に当たります。しかしその頃になると盛んであった陽気が、やや末期に入ってくる、沈んでくる。それが丁の字の本義であります。形から申しますと、丙の上の一を承けて陽気が盛んとなり、樹木ならば、幹から大枝が出てだんだん小枝になるにしたがって垂れてくる、花なら花が小枝に群がり咲いてその重みで垂れ下がる、その形を象《かたど》ったものであります。それで丁は盛んという意味と同時に、やや盛りを過ぎて末期に向かいつつあるということを表しておるわけです。

巳の意味

一方、春になって陽気を迎えると、啓蟄《けいちつ》というて地中に冬眠しておった動物が外へ出てまいります。今まで伏在しておったものが頭をもたげて、外に出て活動を始める。その姿を象ったのが「巳」の字であります。地中に伏在しておった動物はたくさんありますが、その中で一番民衆にわかりやすいものは蛇でありますから、巳を蛇というようになったので、本来は蛇に限らないのであります。

丁巳の意義

　したがって、既成勢力と、在来潜在し伏在しておった新興勢力との交錯するのが丁巳の年であるということは、考えればすぐわかることであります。政界で申せば、今年の自民党内閣は在来の自民党内閣の終末、末期的状態を表すわけで、福田内閣は言わば最後的組閣ということになります。そしてそれに対して、今まで無力であった野党あるいは新しい政治勢力が出現してくる。しかもそれは単に与野党というだけではなく、与党の中、野党の中にも出てくるという複雑な現象になる、そうなると、既成勢力と伏在しておった新興勢力とが衝突するので、丁当などというて、丁の字はアタルとも読むわけです。壮丁、丁壮の場合はもちろんサカンという意味であります。

　そういうことを頭に入れて政界の現実をみますと、今まであまり振るわなかった民社党をはじめ、創価学会の出店である公明党などが俄然として活気を帯びてきております。しかもほとんどの人が予想もしなかった新自由クラブというものが自民党の中から出て来て、これまた予想外の進出であります。みなこれ丁巳の姿であります。したがって、ここに問題があり、意義があり、さらにそれに伴っていろいろ対処・対応が行なわれなければならないわけですが、しかし、正しい判断を下すには、やっぱり厳とした真理・原則、確とした姿勢・見識・信念・勇気がなければなりません。というて何も難しいことを求めなくても、丁巳の干支を鮮明すれば自然に解決がついてくるのであります。

そもそも新しい勢力という場合、この新しいということはどういうことであるか。それは「新」の字をよく点検すれば、その中にちゃんと原理・原則がもられておることがわかります。新という字は本来は扁の下の木の上にもう一本横棒があります。ご承知のように朝日新聞の題字の新は今でもこの横棒のある新を使っております。それで読者から、「天下の朝日新聞が間違った字を使うのはよくない」という投書があったのに対して、「これでよいのです。ただ煩わしいので横棒の一本が省略されて、今日のような新の字になった。云々」という新聞当局の弁解を前に載せたことがありました。

「新」の意義

これは新の字の扁は上が立ではなくて辛であることを示しています、そして下は木、旁《つくり》の斤はオノ（斤は斧の古字）、即ち、伐採する道具であります。したがって、一番大事なのは材料である立木であり、これにいろいろ苦心して手数をかけ、器具を使って伐採して、初めて新しいものがつくれるのです。言い換えれば本当の意味の新しいというのは、今まででなかったものが突然出現するのではなくて、在来ちゃんとあったものに、根を下ろして茂っておった自然の立木に、人間が苦労をして人工を加えて、初めて生まれてくるものなのであります。

だから歴史・伝統を無視した新しいというのは、いわゆる突然変異というものは、絶対にあり得ないということです。自然現象にも突然変異はあるけれども、それは人間が言うのであって、造化・自然から言うならば、突然変異でもなんでもない。必ずそれだけの根源・歴史があって、それに人間の努力が加わって、初めて新しいものが生まれるのであります。そういう本質・根底のない新は、したがって軽薄浮薄のもので、本当の新ではありません。新人というものも、古い人間――故人・先人の一番進歩したものであって初めて新人ということができるわけです。ところが、この辺のところが案外わからない。そこで新しいというのは今までなかったことだというふうに思う。革命（レボリューション）もそのとおりで、何かまったく新しいことのように思いますが、それは形の上、感覚の世界のことであって、要するに革命も一つの進化・変化にすぎないのであります。

だから本当に新しいものは常に古いものでなければならないし、本当に古いものであってこそ初めて新しいものと言えるのであります。樹木で言えば、根という古いものが深く延びて、そして逞《たくま》しい幹があり、立派な枝葉が張っておって、そこから春がくれば春らしく芽を吹き、夏がくれば夏らしく枝を延ばし葉を茂らせ花を開き、やがて秋には実を結び、冬になると枯葉を落として根元を固める。これが自然の変化であって、したがって、根底・根幹を固めることが一切の創造・進化の厳粛な原則であります。この原則にしたがって世の中の現象を観察し批判すればまず間違いはありません。

新自由クラブにしてもそうです。ああいうものができると、やんや喝采して喜ぶ人があるかと思えば、顰蹙《ひんしゅく》する人がある。あるいは憎悪したり、反感を持ったり、嘆惜したり、というふうにいろいろであります。それはすべてそれぞれの考え方・見方を物語るもので、黙って聞いておると、人相応にみな批判しております。それらの中であまり理屈だの理論だのを好まない、あるいは持たないごく常識的・良心的な人々の、こういう人々はあまり批判をしませんから、批判ではなくて感想・評価というべきものを聞くのは大いに意味があります。なぜかというと、批判というのは多く頭のことで、人間は論理・知識の方へ走ると、ともすれば感傷的・激情的になって、公平な見方ができません。これに対して感想は多く直覚であり、その内部に伝統的なものが潜んでおります。だから平静・自然であるから公平な評価ができます。そこでそういう常識的・良心的な人々は新自由クラブをどのように見ておるかということを静かに考察しておると、一様にみなあれを遺憾としておりますす。これは正しい見方であります。

なぜなら、もし彼等が――選挙であれだけの票を得て、選挙が済んだら一応自民党に戻り、党の先輩・長老・同僚に対して、「我々はこれだけの成績を挙げたが、これは先輩・長老の方々にも共鳴していただけると思う。なんとかこの辺でわが自民党も従来の因習的状態から脱して、革新的に飛躍することが大事だと思う。及ばずながら我々はその改革・

革新の先頭の働きをしておるつもりであるから、これからは我々の意見・行動も尊重して、大いにこれを活用してもらいたい」――というのであれば、これは誰もが共鳴して拍手喝采するに違いありません。ところがそれが反対で、「これを見ろ、国民はみな新人を望んでおるのだ。我々は古ぼけた人間ばかり集まって意見の容《い》れられない自民党にはもうご免蒙る」と後足で砂をかけるようにして飛び出すのは誰がみてもよろしくない。これは国民の良心、常識人の心理の厳粛な要請というもので、その点において新自由クラブの人々はたいへん軽率であったという識者の批判は免れない。しかもそういう厳正な批判は少しもマスコミに出ない。マスコミはなんでもよいから目新しいもの、面白そうなものが出ればそれでよいので、拍手喝采してまたこれを宣伝する。そうなると思慮のない若い人たちはますますいい気になる。困った風潮であります。

　新自由クラブに先んじて同じように従来の勢力に異を唱えた青嵐会は、やはり若手が結束して一旗揚げたわけですが、さすがに彼等は脱党はしなかった。しかし、その後がいけません。脱党をせずに党の刷新に大いに功績を挙げるかと期待しておったのでありますが、意気のみ盛んにして見識・教養が足らぬというか、力及ばずという感があって、次第に結束も弛んでしまいました。この両者を較べてみると、人間としてはやっぱり青嵐会の人たちの方が兄貴分だけあって一段上ですね。

大臣の心得

これは最近の人々の通例の現象でありますが、どうも人間的にできておらぬ人が特に知識人といわれる人たちの中に多いようであります。

知識人という語は戦前から普及しておった語で、その頃は外国語を使ってインテリと言うておりました。しかし、およそ知識というようなものは識の中でもきわめて皮相なもの、初歩のものであって、こんなものはいくらあっても人格だとか行動というものにはならない。あればあったでよいには違いありませんが、あるからというて人間そのものがどうなるものでもありません。

先生も同じことですね。ただ先に生まれたというだけの先生では、それは事実ではあっても別段たいして意義はない。そこで本当の先生は先醒でなければならぬという説がある。先んじて眠りから醒める、精神的・霊的・人格的に醒める、これで初めて先生の意味がはっきりするというわけです。知識というものはそれだけでは雑駁なもので、よく知っておるのはよいが間違ったことをよく知ることもあるので、当てにはなりません。

したがって、「知識」というものはこれに対する批判力・反省力、もっと深い省察力というようなものがあって初めて意義・効用を発揮するのです。これを「見識」と申します。世の中には知識はあるが見識のない人はたくさんあります。反対に知識はあまりないが見識の勝れた人も決して少なくありません。しかし、見識は知識よりも尊いものではあるが、見識だけでは宝の持ちぐされとなることが多い。見識は決断力・実行力が伴うことによって尊い意義あるものとなる。これを「胆識」と言います。知識が見識になり、見識が胆識になる。ここにおいて初めて知が行となるわけであります。そうなると、知は行を俟《ま》ってまた開けてゆく。行はそれによってますますよくなってゆく。知行は循環関係のものである——というのが王陽明《ようめい》のいわゆる知行合一論であります。今の日本には知識ばかり多くて、真の見識人、胆識人、それの勝れた器量人というものが非常に少ない。これは日本にとって一番の不幸であり、悩みであります。

そこで今日のこの混乱した社会、矛盾撞着《どうちやく》の多い現実世界を革新・維持してゆくのには、単なるイデオロギーだのスローガンだのというものではなんの力にもなりません。結局はやはり見識・胆識を備えた人物でないとだめであります。そしてそういう人物はどの分野にもいるけれども、国家的・国民的にいうと、特に政治の枢要な地位にまず配置されなければなりません。そういう意味で政治というものは、国民を代表する人材をどれだけ知り、これを用い、また任せるか、という人事問題が大切になってまいります。

政治の最も大事なことは、知ってこれを用い、そうして任せるのです。単に用いるだけではこれは使用というもので、用いた以上はこれに任さなければいけません。その典型が内閣、大臣というものであります。

ところが日本の政治、国政の現実というものは、政道が乱れ見識が低くなってしまって、はなはだ振るいません。特にひどかったのは去年の三木内閣であったと思います。もう初めからしまいまで内閣の施政の第一義はロッキード事件の解明だというようなことで、あたら一年が過ぎてしまいました。あきれたというか愚かな話であります。金額がいくら大きかろうが、小さかろうが、要するにあれは一つの収賄事件なのです。国政というもの、政治というものの上から言うならば、区々たる小事であって大事ではない。したがって、内閣・宰相としては、「まことに遺憾なことであるが故に、これは司直の手に委ねて厳重に処断せしめます」、これでよいのです。そうしてさっさと事件を警察庁なり検察庁なりに回して、内閣としてやらなければならぬ重要な国務に当たるべきです。それをしなかったというのは、政道・政理からいうと、枝葉末節に走った不見識窮まることと言わなければなりません。その結果、去年の日本の国政というものはうわずってしまって、大事な問題がことごとく閑却され、不問に附されたことはまことに残念であります。新内閣は思い切ってこれを回復しなければいけません。このことが福田総理および、これを輔佐《ほさ》する大臣たちの一番注意しなければならぬことです。

そういう意味において大臣・宰相たる者は立派な見識、信念、哲学を持たなければいけません。そこで私は去年の暮、正月を前にしてしみじみ感ずるところがありまして、「大臣と国政」という一文を草しました。そうしてこれを毎年私が出席してお話をすることになっております政界・財界などのいくつもの団体の正月の集まりで出席の方々に差し上げたわけであります。そこでみなさんにも一つそれをご紹介することにいたします。

大臣と国政

時世と民主主義

今日の時世に、良心的に言えば、大臣たることは苦しいことである。政党政治の今日、多数党になりさえすれば、誰でも大臣になれるという放言をよく耳にするが、もとより雑言《ぞうごん》にすぎない。今世紀の欧州に勝れた思想家であったホセ・オルテガの名著の一つ『大衆の叛逆』の中に、「我々の時代は巨大な力を自体の中に感じながら、それをどうしたらよいかわからない時代である。あらゆるものを支配しながら、自分自身を支配できず、自分自身の過分の中で途方に暮れている。我々の時代は以前よりも多くの手段、多くの知識、多くの勝れた技術をもちながら、過去のあらゆる時代よりも不幸な時代として、その波間に漂うているものである」――と記しているが、よく現代の真相を捕らえている。それもしかし、決して偶然ではない。「偶然という語は神を冒瀆《ぼうとく》するものである。太陽の下、何一つ偶然はない」とレッシング G. E. Lessing がその名著エミリア・ガロッティ Emilia Galotti の中に記しているのを思い出した。

大臣というものは何でもないことのようで、決してそうではない。真剣に考えれば考えるほど、責任を思えば思うほど、これはむずかしいことです。レッシングはドイツの哲学者・文学者として特色のある人であります。なぜガロッティを私が引用したかと申しますと、人によっては少しペダンティックだと思われるかもしれませんが、実は私が高等学校に入って、初めてドイツ語の本を読んだのがこの作品でありまして、私にとってはガロッティは忘れられないなつかしい名前であります。

今日は民主主義通行の時代である。しかるに現代のいわゆる民主主義ほど始末の悪いものはない。「時代の声——それらはいくら集まっても騒音になるばかりで、音楽にはならない。なぜか、それらは互いに相手のことを何も考えないからである。もしそこから何かを聞きとりたいと思うならば、それらの声を別々に聞き分けねばならない」とトーマス・マン Thomas Mann がその「非政治的人間の省察」の中に言及している。そもそも人々は民主政治を安っぽく口にするが、本来民主主義政治とは最も高邁《こうまい》なものであることを全く知らない人が多い。

民主主義といえば、よくルソーを引用する。しかるにルソーはその名著『社会契約論』の中に、「民主主義という語を厳密に解釈するならば、真の民主政治はこれまで存在しなかったし、今後も決して存在しないだろう。——もし神々から成っておるような人民があれば、その人民は民主政治を採るだろう。しかし、そんな人民はない」と明言している。真の民主政治とは、これを要するに、マッチーニの名言どおり野に遺賢のないように、人民の中から最も善にして賢なる人物を政治に挙用することである。そのために政党があり、内閣に列するものを日本では大臣という。大臣などとは非民主的である、時代錯誤であるとやかましく非難する者が多いはずであるが、いっこうそんなこともないのは現代日本の面白い半面の事実である。

かつては社会党内閣が終戦直後にできた時、大臣制を廃止するかと注意しておったのですが、誰一人それを口にするものがありませんでした。そしてみな大臣になって喜んだ。面白い心理現象であります。

さて、その政治勢力・政党に保守と革新との対立抗争がある。しかし、日本では果してこの両者にどれほど真実の相違があるか。それも別として、保守党とはいかなるものか。これについて、私は英国保守党の名相ディスレーリ B. Disraeli の断言に賛成するものである。彼曰く、「保守とは維持し改造することである。――私は悪を根絶するためにはラディカルであり、善きものについては保守派である」――と。これならば誰にもよくわかるであろう。

立派な見識でありまして、さすがにディスレーリであります。

政党と大臣

日本の保守党は自由民主と言い、その内閣は大臣制を保守している。野党が政権を取ったら、この名を捨てるであろうか。一つの深刻な問題である。私は天皇制と共に内閣大臣制を保守したい。そして大臣は誰でも政治家としての年季を入れればなれるというものであってはならない。やはり国民の有識者が首肯するだけの勝れた人物でなければならないものである。国家の最も明確な差別はその国を代表する選良いわゆるエリートの差であり、政治学は本質的に言えばエリートを登用組織する学問である。

これも学問的には代表者の名前を出すとよいのですが、そうなるとどうも甚だペダンティックになって嫌みなのでやめました。

革命はエリートの急激な変化にほかならない。既成エリートがもはや時代の要請に応じ得ないこと、自信を失い、その職に狎《な》れて安逸無為に堕する時に起こるものである。前掲のディスレーリについて言えば、英仏の反独連合政策の打破に肝胆を砕いたビスマルクが一八七八年のベルリン会議で、さすがに口の悪い彼もディスレーリのことを、「あの老ユダヤ人め、彼奴《きやつ》は人物だ！　Der alte Jude, das ist der Mann!」と感嘆している。国人はもとより、外国の識者からも軽んぜられるような者では大臣たる資格がない。

近代ではフランス社会党首であったレオン・ブルム Leon Blum なども勝れた、ゆかしい人傑であった。過般の大戦に名高いガムラン将軍は彼のことをイスラエルの予言者をしのばせると嘆賞していた。最近の日本人に最も感化を及ぼした哲人であったカンドウ神父も、彼の人格教養を礼讃し、社会主義者とか社会党とか言えば、大衆を看板にした一種の誇張や俗臭を覚えるものだが、彼はその反対に思想界でも一流の貴族であった。どうして教養のない労働者や大衆が彼の人物や演説に惹《ひ》かれるのかと知人に聞いた時、その人は「確かに彼は思想も一流の貴族である。社会党首といえば面白いアンチノミイ（矛盾律）だが、つまり人間というものは境遇や教養の如何にかかわらず、広い意味でのアリストクラシー、何か高尚なもの、高い品位などに対する自然なあこがれを持っている証拠だろう」と答えたことを記している。このカンドウ神父の話はまことに意味深遠である。

カンドウ神父という人は、フランスのみならず世界的に尊重された、非常によくできた、立派な人でありました。私は縁がなくて、いつも会いたい会いたいと思いながら、たまたまこちらから電話をするとフランスへ行って不在であったり、向こうが電話をくれたらこちらが旅行中であったりというわけで、とうとう実現せずに亡くなりました。そのカンドウ神父がフランス社会党の党首であったレオン・ブルムを礼讃して、彼はたいへん高邁な、世間からいえばより多く貴族的な人であったにもかかわらず、労働者や一般大衆から非常に尊敬されたというのです。今の日本の社会党などにもレオン・ブルムのような人物が出たら、政治情勢も俄然として変わるでしょうね。そういう人物が出ないということは残念ながら日本の一つの淋しい事実であります。

中国史中にも稀な革命の英雄であった唐の太宗が、あるとき宰相に対して、「公等は大臣であるから当然朕《ちん》を輔《たす》けて政務に当たらねばならぬが、この頃聞くところによると、公等は事務に忙しく、書類を見るに逐《お》われているそうだ。それではだめだ」と戒めておる(貞観政要・択官)。頭が良いとか、弁論が立つとか、事務がさばけるとかいう能力は大切なものではあるが、それは才智功利の問題で、それぞれの有司に俟《ま》つべきものである。大臣宰相となれば、それよりもっと根本の徳というもの、人々をおのずからにして敬慕し、悦服し、信頼させるものがなければならぬ。

呉起と田文

孫子と併称される呉子(名は起)は魏《ぎ》の名君文侯に重用された名将であるが、いわゆる往《ゆ》くとして可ならざるなき大才であった。文侯が亡くなり、国を挙げて不安であった時、彼はひそかに自ら宰相たることを期していた。しかるに案に相違して田文(孟嘗君田文とは別人)が衆望によってその任に就いた。納まらないのは呉起で、とうとうある日、彼は田文に詰問した。

「三軍に将となり、士卒を勇んで死に赴《おもむ》かせ、敵国をして敢てわが国を窺《うかが》わせぬことにかけては、君と俺とどっちだ?」。

田文は言った、「君に及ばぬ」。

「官民を治め財政を充実することにかけてはどうだ?」「それも及ばぬ」。

「諸外国を操縦する外交手腕にかけてはどうだ？」「それも及ばぬ」。

「しからば三者いずれも俺に及ばぬのに、どうして君は宰相となっておれるか？」。

そのとき田文は言った、「しばらく、それでは尋ねる。主なお若く、国を挙げて不安で、大臣連もしっくりせず、政府に民衆の信頼もないこの重大時局に、宰相の大任は果して君に属すべきか、俺に属すべきか」。

呉起はしばらく黙考しておったが、徐《おもむろ》に言った、「それはやはり君だ」。

まことによい問答です。さすがに呉起も偉い。こういうふうにゆけば、国家、国政はなんの心配もありません。が、これはなかなかできない芸当であります。それだけにこの話は「史記」の中でも最も有名なものになっておるのです。

呉起もさすがだ。こういう佳話は歴史に往々伝えておることである。

大臣の等級

幕府や明治の有志に尊重された明朝の名地方長官呂新吾《ろしんご》（名は坤）の大著「呻吟語」には大臣を六等に分類解説してある。

人物が大きく、深い信念を持ち、時世を先の先まで見通しておって、禍《わざわい》を未然に避け、ちょうど人間に日光や空気や水がなければ生きていけぬが、平素誰もその恩恵に気づかないと同様、国民に知らず識らずの間に計り知れぬ幸福を与えながら、いっこうそれらしいけぶりも見せぬ宰相があれば、その人は第一等の大臣である。

仕事もきびきびやれるし、意見も忌憚《きたん》なく主張し、家のように国を愛し、病のように時局を憂うる真剣味に溢れているが、それだけにどうしても鋒芒《ほうぼう》の露出するところがあり、得失相半ばする大臣は第二等。

要するに事なかれ主義で、時勢の成りゆきに従い、従来の因襲にまかせ、別に利を興すことも害を除くこともできない平々凡々は第三等。

人の気うけや身の安穏をもっぱら計って、国家の安危など実は真剣に考えないのは第四等。

徒《いたずら》に功名心や権力欲が強く、わがままで人と張りあい、国政に有害なのは第五等。

大臣の権勢を利用して悪事を働き、善人を傷め良民を苦しめ、国家を害し、人望を失う者に至っては第六等となっている。

呂新吾の「呻吟語」という本は、大塩中斎が愛読したというので有名ですが、徳川時代には武士階級を中心に広く読まれています。こういう人間学というものが徳川時代はもちろん、まだ明治時代までは相当に行なわれておりました。だから真の大臣といえるような人が少なくなかった。田文と呉起の問答などがよくわかる人が、たくさんおりました。今はこういう意識・自覚・教養といったものがなくなって、大臣も属官も同じようになってしまっておる。そういうところに政治の深く反省すべきところがあるわけです。この大臣論はなかなかよく観察し、よく分類しております。この基準で代々の大臣を観察すると、だいたいの答えがすぐ出るというものです。

大臣に限らず、世の重職といわれる地位にある人々のために、最も通俗にして懇切な名訓は徳川幕府教学の大宗佐藤一斎《いっさい》が、その郷国美濃《みの》の岩村藩のために撰した「重職心得箇条」に過ぐるものはあるまい。

重職心得箇条

一、重職と申すは、家国の大事を取計《とりはからう》べき職にして、此《この》重之字を取失ひ、軽々しきはあしく候。大事に油断ありては、其職を得ずと申すべく候。先づ挙動言語より厚重にいたし、威厳を養ふべし。重職は君に代るべき大臣なれば、大臣重ふして百事挙るべく、物を鎮定《ちんてい》する所ありて、人心をしづむべし。斯《かく》の如くにして重職の名に叶ふべし。又小事に区々たれば、大事に手抜あるもの、瑣末《さまつ》を省く時は、自然と大事抜目《ぬけめ》あるべからず。斯《かく》の如くして大臣の名に叶ふべし。凡《およ》そ政事は名を正すより始まる。今先づ重職大臣の名を正すを本始となすのみ。

二、大臣の心得は、先づ諸有司の了簡《りょうけん》を尽さしめて、是を公平に裁決する所其職なるべし。もし有司の了簡より一層能《よ》き了簡有りとも、さして害なき事は、有司の議を用るにしかず。有司を引立て、気乗り能き様《よう》に駆使《くし》する事、要務にて候。又些少《さしょう》の過失に目つきて、人を容《い》れ用る事ならねば、取るべき人は一人も無之様《これなきよう》になるべし。功を以て過を補はしむる事可也。又賢才と云ふ程のものは無くても、其藩だけの相応のものは有るべし。人々に択《よ》り嫌《きらい》なく、愛憎の私心を去て用ゆべし。自分流儀のものを取計《とりはか》るは、水へ水をさす類にて、塩梅《あんばい》を調和するに非ず。平生嫌ひな人を能く用ると云ふ事こそ手際《てぎわ》なり、此工夫あるべし。

三、家々に祖先の法あり、取失ふべからず。又仕来《しきたり》仕癖《しくせ》の習あり、是は時に従て変易あるべし。兎角《とかく》目の付け方間違ふて、家法を古式と心得て除《の》け置き、仕来仕癖を家法家格などゝ心得て守株《しゅしゅ》せり。時世に連《つ》れて動かすべきを動かさざれば、大勢立ぬものなり。

四、先格古例に二つあり、家法の例格あり、仕癖の例格あり、先づ今此事を処するに、斯《か》様《よう》斯様あるべしと自案を付、時宜《じぎ》を考へて然《しか》る後例格を検し、今日に引合《ひきあわ》すべし。仕癖の例格にても、其通りにて能き事は其通りにし、時宜に叶はざる事は拘泥すべからず。自案と云ふもの無しに、先づ例格より入るは、当今役人之通病《つうへい》なり。

五、応機と云ふ事あり肝要也。物事何によらず後の機は前に見ゆるもの也。其機の動き方を察して、是に従ふべし。物に拘《かかわ》りたる時は、後に及でとんと行き支《つか》へて難渋《なんじゅう》あるものなり。

六、公平を失ふては、善き事も行はれず。凡そ物事の内に入ては、大体の中すみ見へず、姑《しばら》く引除《ひきのけ》て、活眼にて惣体《そうたい》之体面を視て中を取るべし。

七、衆人の厭服する所を心掛べし。無理押付《おしつけ》之事あるべからず。苛察《かさつ》を威厳と認め、又好む所に私するは皆小量之病なり。

八、重職たるもの、勤向《つとめむき》繁多と云ふ口上は恥べき事なり。仮令世話敷《たとえせわしく》とも世話敷と云はぬが能きなり、随分手のすき、心に有余あるに非《あらざ》れば、大事に心付かぬもの也。重職小事を自らし、諸役に任使する事能《あた》はざる故に、諸役自然ともたれる所ありて、重職多事になる勢あり。

九、刑賞与奪の権は、人主のものにして、大臣是を預るべきなり、倒《さかしま》に有司に授くべからず、斯《かく》の如き大事に至ては、厳敷透間《きびしくすきま》あるべからず。

十、政事は大小軽重の弁を失ふべからず。緩急先後の序を誤るべからず。徐緩《じょかん》にても失し、火急にても過《あやま》つ也、着眼を高くし、惣体を見廻し、両三年四五年乃至十年の内何々と、意中に成算を立て、手順を逐《おう》て施行すべし。

十一、胸中を豁《かつだい》大寛大にすべし、僅少の事を大造《たいそう》（大層）に心得て、狭迫なる振舞《ふるまい》あるべからず。仮令才ありても其用を果さず。人を容る〻気象と物を蓄る器量《たくわう》こそ、誠に大臣之体と云ふべし。

十二、大臣たるもの胸中に定見ありて、見込たる事を貫き通すべき元より也。然《しか》れども又虚懐公平にして人言を採り、沛然《はいぜん》と一時に転化すべき事もあり。此虚懐転化なきは我《が》意之弊を免れがたし。能々《よくよく》視察あるべし。

十三、政事に抑揚《よくよう》之勢を取る事あり。有司上下に釣合《つりあい》を持《もつ》事あり。能々弁《わきま》ふべし。此所手に入て信を以て貫き義を以て裁する時は、成し難き事はなかるべし。

十四、政事と云へば、拵《こしら》へ事繕《つくろ》ひ事をする様《よう》にのみなるなり。何事も自然の顕れたる儘《まま》にて参るを実政と云ふべし。役人の仕組《しくむ》事皆虚政也。老臣など此風を始むべからず。大《たい》抵《てい》常事は成べき丈《だけ》は簡易にすべし。手数を省く事肝要なり。

十五、風儀は上より起るもの也。人を猜疑《さいぎ》し蔭事を発《あば》き、たとへば誰に表向斯様《かよう》に申せ共、内心は斯様なりなどゝ、掘出す習《ならい》は甚《はなはだ》あしゝ。上に此風あらば、下必其習となりて、人心に癖を持つ。上下とも表裏両般の心ありて治めにくし。何分此六《このむつ》かしみを去り、其事の顕れたるまゝに公平の計《はから》ひにし、其風へ挽回《ばんかい》したきもの也。

十六、物事を隠す風儀甚あしゝ。機事は密なるべけれども、打出して能き事迄も韜《つつ》み隠す時は却て、衆人に探る心を持たせる様になるもの也。

十七、人君の初政は、年に春のある如きものなり。先《まず》人心を一新して、発揚歓欣の所を持たしむべし。刑賞に至ても明白なるべし。財帑《ざいど》窮迫の処より、徒《いたずら》に剥落厳沍《はくらくげんご》之令のみにては、始終行立《ゆき》ぬ事となるべし。此手心にて取扱あり度《たき》ものなり。

この佐藤一斎の「重職心得箇条」はきわめて通俗な言葉で、田舎藩の重役たちにも読めるように書かれてあるので、別に私からあれこれ講釈する必要もないと存じます。が、しかし、内容はいつ読んでも立派なものでありまして、昔、私が書いた『政治家と実践哲学』という本の中にも収録しておきました。またこれは戦前のことですが、内務省の地方長官のために名君を収録して紹介した時にも、これを採用いたしました。この重職心得箇条はそのまま今日の時局、政治にも、あるいは事業にもどこにも通用することでありまして、さすがは老熟・練達の偉人だけあります。一斎は美濃岩村藩（松平家）の重役の倅でありますが、藩侯の御曹子の学友に挙げられ、終生形影相随う関係となりました。この御曹子が後に白河楽翁・松平定信《さだのぶ》の推挙で幕府の学職である林家を継いだ名高い林述斎《じゅつさい》であります。そして述斎が隠居した後、その後を継いで昌平黌《しょうへいこう》を主宰したのであります。

世間には一斎のことを「陽朱陰王」、表面は朱子学で、陰では陽明学だなどと悪口を言う者がありますが、一斎という人はそういうことに拘泥するようなスケールの小さい人でもなければ、また俗儒でもありません。なかなか以て碩学であり、練達の人であります。毀誉《きよ》褒貶《ほうへん》というものは人間世界にはつきもので、賢者は賢者なりに、俗物は俗物なりに、これは免れ得ぬことであります。

数年前、明徳出版から「陽明学大系」という十二巻本の大冊が出た時、是非にということで私はその第一巻に陽明の伝を書きました。それから引き続いて「朱子学大系」が出まして、今度は朱子の伝を書けということで、私もかねがね朱子の伝を一度書きたいと思っておりましたので、これも引き受けて書きました。そしてその本が出版されて間もなく学者の会合があって出席したところが、ある著名な学者がつかつかと私の側へやってきて、「先生は陽明学者とばかり思っていましたが、朱子の研究もおやりですか」とさも意外そうに目を丸くして言うのです。私もこれには苦笑して、「私は道楽者で、ことに英雄とか偉人にたいそう興味があるものですから……」と言うてやりましたが、案外人間には、わかったような人で何もわかっておらない人がおるものです。また、反対にわからぬように見えて、実はなかなかよくわかっておる人もあります。それは知識はなくても、その人なりに見識は持てるからであります。知識はいくらあっても見識がなければ、なんにもなりません。要は本当の人物に会い、一冊でもよいから本当の書を読むことです。

戊　午

——昭和五十三年

新旧勢力が複雑に紛糾する年

本年は戊午《ぼうご》（つちのえ・うま）であります。戊という字はよく間違えます。戍は音ジュ、武器を持って守ること、その守備兵や屯舎です。点を「一」にして戌となりますと、音ジュツ、十二支の「いぬ」。また午後七時より九時までの時間であります。戉はエツ、まさかり。儀仗に使う大斧です。ここにいうのは点も一もない戊で、音はボウ、十干の第五位、つちのえ。五行の土。〈しげる〉〈さかん〉の意があります。戊はすなわち茂であります。午は〈そむく〉〈さからう〉〈違背〉で、旁午といえばたて（縦）よこ十文字に交わることです。そこで午は忤《ご》。〈さかう〉〈さからう〉の意に用いられます。故に戊午は丙辰《へいしん》・丁巳《ていし》の後を承《う》けて、盛んであった旧勢力は落ちめになり、複雑紛糾し、これに対して今までの伏在的勢力（巳）が新たに頭をもたげて旧勢力に対し、また新勢力相互間に於ても矛盾衝突紛糾を生ずることを示しております。午の字については説文《せつもん》学者の間に、午は「たづな」、すなわち馬の銜《かん》（くつわ）に結びつけて馬を御する索《つな》とする解説があり、首肯されます。名人が悍馬を御するように、勝れた指導者・政治家が出て、大いに手腕を振るうべき時と申したい。

この前の戊午は大正七年（一九一八）で、第一次世界大戦の末期、独軍の敗北、ロシア十月革命、過激派政府紛糾、ウィルソン大統領平和条約意図の発表等、物情騒然、中国も清朝の末期、孫文《そんぶん》等の革命直前で、全国的に大動揺を起こし、日本も春から陸戦隊のシベリア派遣、米価暴騰、米騒動が三十七市七十万人以上に広がり、炭坑の罷業暴動も続発、遂に九月早々、全国記者大会の寺内内閣弾劾《だんがい》となり、原敬《はらたかし》内閣となった。そのほかスペイン風邪大流行。全国各地で学校工場は休業、死者十五万に達し火葬場大混乱。この年十一月十一日幸いに世界大戦は終り。日本人はのんき節を流行らせた。善哉《よいかな》善哉。

（「師と友」昭和53年1月）

戊午の意義と史的反省

昭和もめでたく五十三年戊午の春を迎えて感無量である。干支学より言えば、後漢の政府撰集の「白虎通」に、「戊は茂なり」とあり、また漢の古字書「釈名《せきめい》」にも、「戊は茂なり。物皆茂盛するなり」と説いておる。午の字の原形は馬を馭《ぎょ》するくつわの索であるから、馭することを意味する。俗に午を馬とする所以《ゆえん》である。前記の「白虎通」に「午は物、蒲長するなり」とあり、また「釈名」に、「午は陰気、下より上り陽と相さからう」意とし、漢の字書「説文《せつもん》」にも、「陰気が陽にさからって出《い》ずる意、午は忤（さからう）」としておる。その他要するに戊午は「在来の現象がいっそう紛糾する」意である。珍しいことは、月の干支がまた重複して、五月は六日より丁巳。六月は六日より戊午となる。昨年の情勢が本年になって好転せず、いっそう紛糾するものと思われる。

この前の戊午年は大正七年（一九一八）で、本年三日の大雪から連想されることは、大正七年正月末、岐阜県の山村で、豪雪のため一カ月も交通途絶し、多数の餓死者を出したことである。何よりも記憶に残っておることは、米価暴騰のため、七月富山県魚津の主婦連に始まり、八月三日の米騒動となり、九月にかけて、三十七市、百三十四町・百三十九村にわたり、七十万以上の民衆の大騒乱になったことである。これはその後、山口や福島の炭坑労働者に波及し、九月早々内閣弾劾全国新聞記者大会が開かれ、寺内内閣は辞職して、月末いわゆる平民宰相原敬の組閣を見るに至った。十月にはスペイン風邪が全国に蔓延し、死者十五万、火葬場は到るところ大混乱を起こした。欧州ではドイツ敗れて革命が起こり、皇帝退位して、遂に第一次世界大戦は終り、死者一千万、負傷者二千万、捕虜六百五十万という空前の記録を残した。

中国も国を挙げて動乱し、二月には東南各省に地震起こり、馮国璋・段祺瑞・唐紹儀・唐継尭・孫文・伍廷芳等の角逐した時代である。こういう内外紛糾の中に在って、日本の民間に鴨緑江節やのんき節が流行したものであるが、考えさせられることである。今年を明るく打開するようにしないと、次の年は未で、未は昧《まい》（暗）に通ずる。

もう一つ前の戊午は安政五年（一八五八）で、井伊直弼《なおすけ》の登場であり、安政の大獄が始まる。日本はこの新しい戊午をいかに実践経過するであろうか。

（「師と友」昭和53年2月）

己 未 ——昭和五十四年

己未新年を迎う

戊午《ぼうご》の年も終《つい》に暮れ。己未《こび》新年を迎えることになった。旧年はいかにも戊らしく、最後まで諸事茂生した。元来、茂は中に繁栄の実を含んでおるのであるが、たまたま午と組み合わさって、その午は相剋背反の意を含む。厄介な情勢をも示し、いかになりゆくことかと絶えず案じておったが、暮に近づいて、政局に意外の変動を生じたけれども、当局者の善処によって何とか大過無きを得た。明くれば己未である。

例によって聊《いささ》か干支の解説を試みると、「己」にはいろいろの説があるが、簡要のところ、紀の字の省略で、糸筋を通すことを意味し、漢の名書「白虎通」に、己は「抑屈より起こる」と解いていることなど最も要を得ておる。すなわち前年の繁茂による紛を解いて、筋を通すことであり、「未」は木の枝葉が茂る形容で、したがって味《くら》くなる。文字学の諸書に「未は味なり」とあるのは当然の解ということができる。しかし元来木の繁茂を示すものであるから、能《よ》く協調を失わなければ宜《よろ》しいのである。其の実を失えば、これより乱れることになり、思いきった改革・革命を要することにもなる。

前の己未は大正八年（一九一九）で、六月ベルサイユ講和条約調印が行なわれたが、すでにその一月、ドイツではヒットラーのナチ結党が行なわれており、三月にはイタリーでムッソリーニが戦闘者ファッショを結成しておる。同じ頃ロシアでも、モスクワでコミンテルン大会が開催され、その後北京でも、三千の学生が山東問題に抗議蹶起《けつき》して、いわゆる五四運動を行なっておる。朝鮮独立暴動もその前に勃発しており、日本の国内も物情騒然、諸種の改革・革新運動が続出した。己の次は庚、辛であり、更新に通ずる。それからそれへと考えると、興味の尽きぬものがある。紀綱の振興を祈る。（「師と友」昭和54年1月）

紀律を正し不昧を去るべし

今年は昨昭和五十三年戊午（つちのえ・うま。戊は茂、午は〈さからう〉という意味で、諸事紛糾して、ともすれば矛盾・衝突することを表す）を承《う》けて己未（つちのと・ひつじ）の年回りになります。「己」は紀を省略したもので、紊《みだ》れた糸筋を通すこと、すなわち前年の戊の繁茂によるごたごたを解消して、筋を通すことを意味します。「未」も木の枝葉が茂ることを表す文字で、枝葉が茂ると暗くなるから未は昧に通じる。そこで「己未」は、「諸事、筋を通して、曖昧や暗いことを排して明るくしてゆかなければならぬ、不昧《ふまい》にもってゆかなければならぬ」ということを意味しておるわけであります。

不落因果・不昧因果

不昧〈くらまさず〉という語は広く普及して、雲州松平公が「不昧」と号し茶道に「不昧流」という流派を生じたといった具合で、ずいぶん活用されております。これは禅の公案の一つでもありますが、元来「無門関」や「碧巌録」にある名高い問答から出たものであります。唐代に百丈禅師という名高い師家があります。この百丈和尚の座にいつも熱心に聴聞している一人の老人がおりました。ある日、説法が終って聴聞の衆はみな帰っていったが、その老人だけはなぜか席を立とうとしない。かねて和尚もこれはただ者ではあるまいと思っておったので、「いったいお前さんは何者か」といって訊ねた。そこで老人は恐縮して初めて自分の素姓を打ち明けた。「実は私はこの寺の裏山に住む野狐でございます。昔、私は師家となって人々に法を説いておりましたところが、あるとき一人の修行僧から『大修行をした者は不落因果か〈因果に落ちざるか〉』と訊かれました。それで私は『そのとおり、不落因果だ〈大修行をした者は因果の支配など受けるものではない〉』と答えました。そのために罰を受けてこうして野狐に転生して苦しんでおります」と。

やがて語り終った老人は「改めてお伺いしますが」といって、百丈和尚に「いったい大修行をしたものは因果の支配を受けるものでしょうか、受けないものでしょうか」と訊ねた。すると和尚は言下に「不昧因果だ〈因果を昧まさずだ〉」と答えた。何をしても因果に支配されないというのではない。善因善果、悪因悪果、善いことをすれば善い結果があり、悪いことをすれば悪い結果があるのは当然で、因果にはちゃんと法則がある。その法則を昧まさないようにするのが修行というもので、お前さんは昧と落の一字を間違えたのだ、というわけであります。これを聞いて老人は脱然と姿を消した。つまり成仏することができたのです。翌日、百丈和尚は僧たちに葬式の用意をするように言いつけた。いったい誰が死んだのかと不思議に思いながら僧たちが和尚に従って裏山を登ってゆくと、一匹の老狐が死んでおった。そこで厳粛な葬儀を行なって手厚くこれを弔ったというのであります。

不昧という語はこの語から広まっておるわけでありますが、考えてみると我々が学問修業をするのも、要するにいろいろの真実、法則、道というものを明らかにする、昧まさないということにほかならないのであります。

鄧小平と華国鋒

今年の干支己未が因果を明らかにする不昧という意味を持っておるということは、今日の時局からみて一入《ひとしお》肝銘の深いものがあります。ご承知のように去年は戊午の干支のとおりでありまして、内政的にも外政的にもいろいろ問題が紛糾して、とかく円滑にまいりませんでした。その最も著しい例は年末に行なわれた自民党の総裁選挙であります。まさか現職の総理が失敗しようなどとは誰も考えられなかった。それがああいう結果になって結局新しい内閣ができたわけであります。だからどうしても今年はこういう混乱・紛糾を解消して、明るくしてゆかなければなりません。不昧にもってゆかなければなりません。これが時宜、自明というものです。

中共にしてもそうであります。去年は鄧小平《とうしょうへい》が日本にやってきて、思いもかけず天皇陛下にまで謁見をして、得意になって帰ってゆきましたが、彼は日本の政治家が思っておるような大人物でもなんでもありません。それどころか甚だはっきりしない昧いところのある人物です。華国鋒《かこくほう》にしても同様で、率直にいってまだ駆け出しの未熟者にすぎません。そもそも華国鋒という名前からしてふざけております。おれは中華抗日救国の先鋒というスローガンからとったもので、本名は蘇鋳という。それを知らずによい名前だといって感心しておるのですから、日本人の中には人の好いのにも程があると言われる人々が多い。その華国鋒と鄧小平とは仲が悪くて、実は互いに相手をいかに打倒しようかというのでいろいろ画策をやっておるわけであります。だから中国は今後どういうふうに展開してゆくかわからない。朝に夕を量《はか》るべからずというのが現実でありますから、日本はもっと落ち着いて大所高所から手を打ってゆけばよいので、何もあわてたり騒いだりすることはない。要するに不昧が足りないわけです。あれだけ日本と切実な関連を持っておるにもかかわらず、日本人は不思議なぐらい中国を知らない。そのために大きな過《あやま》ちを犯すわけです。

しかしこれは中国だけに限りません。日本に一番近いところにある韓国や北鮮に対してもそうで、ほとんど日本人は知らない。知らないと言うては語弊があるけれども、とにかく研究が足りません。そうしてとんでもない遠いところに興味を持ったり手出しをしたりしておる。どうも日本人はお人好しで困ります。お人好しも決して悪いことではないけれども、やっぱりつけるべき筋道ははっきりつけなければいけません。そうすることによって来年庚申《こうしん》（かのえ・さる）を迎えて、初めて諸事うまく更新することができる（庚は更〈かわる〉、申は伸〈のびる〉という意味です）。ところがそれができないと、再来年は辛酉《しんゆう》（かのと・とり）の年回りとなって甚だ危ないということになる。今日の中国が辛亥革命から始まっておることはみなさんご承知のとおりであります。したがって来年、再来年は内外共に多事多端で一つの変化の期〈エボリューション〉か〈レボリューション〉だということになる。今年はちょうどその前段階に当たるわけであります。

そういう意味で不昧ということが特に切実に考えさせられるわけでありまして、今年は国家・政府ばかりでなく我々の私生活においても、従来の曖昧な雰囲気を一掃して、何事によらず筋を通してゆくことが大事であります。これが一番確かで、また一番わかりやすい。別に仰々しいイデオロギーだの方策だのというようなものはいりません。国民各自がいわゆる切問近思、身に切にたずね、身近に考えることです。「近思録」は幕末から明治にかけて「伝習録」と共に最も広く読まれた書物の代表的な好一対でありますが、まさに今、我々は身体に切にたずね、観念や論理の遊戯でない我々の実存に切実な問題として考え、かつ行動すべきでありまして、これが己未の意味する一番大切な点であります。

庚申　——昭和五十五年

筋を通し更改進展すべき年

また新しい年庚申《こうしん》（かのえ・さる）を迎えることになった。一朝ふと机上の「論語」を見て、「子、川上に在《あ》り。曰く逝《ゆ》く者は斯《かく》の如きか昼夜を舎《お》かず」といった有名な語を思い出した。途端にどうしたことか、ビスマルクが晩年隠棲して、訪問客によく「人生は逝く水の如し」と語ったということに思い及んだ。

年が改まると、いろいろの会合でよく人々から新年の干支の意味を問われるので、今年も問われる先に解説しておく。

煩わしい文字学的解説は別として、最もよく知られておる文書の一である「白虎通」に、「庚は物更（あらたまる）なり」とあって、〈改める〉〈改まる〉の意であり、申は俗に猿とせられるが、猿に限らず、身に同じ、真っ直ぐに引きのばす、すなわち体を成す形容である。前年の未が、本当は木の幹枝の茂りを表す意で、それを整成することを明らかにするものである。そこで庚が申と結合すれば、前年己未に続いて、これをさらに具体化し、形成することである。これはなかなか抵抗もあり難しい仕事で、庚の後は辛（かのと）であり、申の後に酉となる。酉をとり（鳥・雞）とするのは俗解で、酉の象形文字を見れば明白であるが、徳利の形を表し、醸熟・成熟を意味する。そこで、辛酉《しんゆう》は前年の庚申すなわち更改進展の一段の成熟を表すものである。成熟には多くの困難や苦痛を伴うものであるから、辛は苦と連なり、辛苦・辛酸・辛痛・辛労・辛辣などの熟語を生じる。

昭和五十四年己未《こび》は紀と味との一連で、紀律を正し、味を去るべきものであったが、いかにも種々の紀律が乱れて問題となり、いかにこれを解明するかということに明け暮れた。新年にはどうしてもこの昏味を去り、紀律を正し、いわゆる筋を通してゆかねばならぬ。これが庚申の黙示するところである。それを怠れば次の辛酉がたいへん厄介なことになる。辛の一字に深甚な含みがあることを識者は味識することも難しくあるまい。

（「師と友」昭和55年1月）

干支の教訓

関西師友協会事務局長
河西善三郎

辛酉

——昭和五十六年

本年の干支は、辛酉《しんゆう》(かのと・とり)である。

辛の字義

辛の字は鋭い刃物を描いた象形文字で、刃物でぴりっと刺すこと—それによる刺すような痛みを感じることから、味で言えばぴりっと舌を刺すような、「からみ」を表す。また、人事で言えば、つらい、むごい、ひどい、きびしい等の意があり、辛苦、辛酸、辛艱等の熟語も生まれる。

辛はまた新にも通じる。新の元の字は新の形で、木を斧で切り倒し、鋭い刃物で切りさいた、生の面を意味する形声、会意文字である。「史記」の律書にも「辛は万物の辛生(新生)を言う」とある。ところが辛にはまたその字形が、丄と干と一を組み合わせた形であるところから、丄は上で、上を干《おか》す意があるとされる。「説文《せつもん》解字」に「干上為辛(上をおかすを辛と為す)」とある。上に反抗する罪人を刑する字に辜・辟・辞等があるのはこのためである。

酉の字義

これに対して、酉は、酒を醸造する器の形象文字である。秋八月に黍が成熟してから醸造することから、成る、老いる、飽く等の意あり。十二支の十番目、季節は仲秋八月、時刻は午後五時から七時までに配される。

辛酉の意義

つらい、むごいこと、そして万物が一新する、下の者が上をおかす、大罪をなすという意を持つ辛の年が、酒が器の中で発酵し、熟成される酉の年と合うこの辛酉の年が、中国の昔から、緯書等に革命の年とされたことがわかるような気がする。経書（四書、五経）には説かれていない裏の意味を補充するために書かれたといわれる緯書（各経書に緯書があった）の中の「易経」や「詩経」の緯書に、

「甲子《かっし》の年には政を革《あらた》め、戊午《ぼうご》の年は、運を革め、辛酉の年には命が革まる」とある。

これを「三革」という。ここから、辛酉革命説が生まれた。わが神武紀元元年は、この説に基づいて、辛酉の年に定められている。三善清行はこの中国の易緯の思想に鑑み、醍醐天皇の昌泰三年（九〇〇）に、翌四年が辛酉の年になることから、革命勘文を作り奏上、また菅原道真に、そのことに大いに意を用いて用心すべき意見書を提出している。昌泰四年、道真は左遷され、年号は延喜と改められた。

本年はこの辛酉革命の年に当たる。基督紀元元年（西暦）が辛酉の年に当たるのは不思議な一致である。中国の古書に「辛は斎戒自新の義と取る」とある。

壬戌

――昭和五十七年

昭和五十七年は壬戌《じんじゅつ》（みずのえ・いぬ）の歳である。

壬の字義

十干の九番目に当たる壬《じん》には三通りほどの意味がある。

第一は荷を担うことである。古書に「壬は任と通じ、担うなり」とある。この担うということから、事を担当する、役目に就く、責任をもつという意に用いられ、任命・任用という語が生まれる。

第二は、はらむ（姙・妊）で、壬を象形的に見ると、女の懐妊の形を示すとされる。真ん中の一が長いのはそのためである。一説に、壬は糸巻きの象形で、糸巻器の真ん中がふくれ上がった形、それがお腹の大きい妊婦を表すようになったと説く。

第三は「へつらう」で、任は栠（にん・じん）に通じ、栠は柔弱な木で、しなやかで弱い。このように意志弱く、人にへつらう人間を任人という。任人は佞人《ねい》に通じ、口先だけの信のおけない人間を意味するようになった。

この三通りの意味が示すように壬の年は、人事に最も注意を払わねばならない。大切な役目を佞人が担うようになれば、問題をはらみ、深刻な事態となる。

戌は十干の五番目の戊《ぼ》に一が加わったもので、戊が茂《しげる》を意味するように戌も茂と同義であるが、それに一陽を示す一がついているのである。

戌の字義

戌は十二支の十一番に当たり、音は「じゅつ」、訓は「いぬ」である。いぬの年・いぬの月・いぬの日・いぬの刻（午後八時）を表す。いぬの月は陰暦の九月である。この月は草木が繁茂、老熟し、万物が悉く稔る月、やがて陽気は地下に入るが、まだ一陽を残している月である。繁茂成熟した樹々は日当たりも悪く風通しもよくないので、いわゆる樹の五衰を起こす。懐が蒸れ、虫がついて、梢止《うら》まりを起こし根上がり（裾上がり）し、やがて梢枯れとなる。これを防ぐには戌削《じゅつさく》と言って、不要な枝葉を切り払う必要がある。つまり剪定《せんてい》を行なって樹を裁整するのである。こうすることによって、根の疲れが癒《いや》され根固めをすることができ、翌年の一段の生長が期待される。戌削して不要な枝葉を払うといっても、来年の生長に必要な枝葉は残しておかねばならない。これが一陽である。不要な枝葉を払ってさっぱりした樹の姿は美しい。戌は卹《しゅつ》と通用し、美しいという意味にも用いられるのはこのためである。一説に戌は刃物で秋の稔った植物を刈りとり、一束にする。あるいは倉に納めて、閂《かんぬき》をかける字ともいう。

いずれにしても、戌の歳は余分、過剰な物事に大鉈を振るい、思い切った大整理をする年である。簡素の美に徹する年である。家事においても、会社の経営、官庁の行政においても、余分な贅肉を切り取り、無駄な支出を節約しなければならない。

因《ちな》みに、前回の壬戌の年は、大正十一年（一九二二）ワシントン軍縮会議の締結した年である。

癸亥

——昭和五十八年

昭和五十八年の干支は癸亥《きがい》（みずのと・い）である。大正十三年（一九二四年）の甲子《かっし》（きのえ・ね）に始まり、六十年目、ちょうど干支の一回りの最後の年を迎えたわけである。

癸の字義　癸は、甲骨文・金文等の古代字形を見ると、矢尻を四方に突き出したような形をしており、ある学者は古代の武器の一種と見、ある学者は、工作の道具と見る。どちらにしても、ぐるぐる回して使用した道具の象形文字である。工作具としてぶん回しのような働きをしたことから、はかる（測る）という意が生じてきたらしい。またぐるっと回った一番最後ということから十干の最終の字に用いられたらしいのである。

後漢時代の文字学の大家許慎《きょしん》の「説文解字」には、癸が測るという意味に用いられていることから類推して、「水四方より地中に流入する形」とし、「冬時、水土平にして揆度すべきなり」と説明している。つまり、冬時は水が涸れ、草木が凋み、目を遮る物もない状態となる水路の象形文字と見たのである。

どちらにしても、癸には測るという意味があり、手扁をつけた揆と同一の義に用いられる。揆度（全体を推し量る）・揆策（計画）・百揆（もろもろの計画）・首揆（国の計画を主宰する首相）という熟語が生まれてくる。揆一とは天下をはかり治める道が同一であるという意味で、「孟子」離婁篇に

「先聖後聖その揆一なり」の語がある。いずれの時代においても、聖人が天下を治める道とか則・法は一つであるという意味である。

後漢の大将軍班彪《はんぴょう》の「王命論」という書物にも「天に応じ、民に順《したが》うに至れば其の揆一なり」の語がある。応天順民の政治が行なわれるならば、民心が一つによくまとまって、政道も一途に出るという意であろう。

しかし、天意に逆らい民心に反する政治を行なって民衆が苦しむ時は、頭《かしら》を立てて、民衆が団結・反抗するのが一揆である。一向一揆、百姓一揆の語のある所以《ゆえん》である。これはともかくとして、癸は十干の最後の干で、測る・道・法則等の意を持つ語である。

亥の字義

一方、支の亥《がい》は動物では猪に配している。語源的には豕《いのこ》（豚・猪など）の象形文字である。亥は方角では北北西、暦の上では北斗七星の斗柄が北北西を指すのが十月であるので亥は旧暦の十月である。十月は植物の果実が硬い核を形成する。古書に、亥は「百物を収蔵する」とか、「物皆堅核と成る」意と説明している。つまり亥は核の意に転用されているのである。

また十月は易経では坤《こん》卦で、坤卦は六爻《こう》とも陰で、陽気がなくなった形。去年の戌《いぬ》は九月で一陽を残しているが、亥は、陽気がまったく地中に入り、陰極まって地中に微陽が起こっている状況を示すとされる。そこから、亥には、根ざす・きざす（萌す・兆す）という意味が生まれる。このように亥は核であって植物が実となって核を形成し、エネルギーを凝縮、蓄積している様子であり、また万物が冬となって陰極まり陽気が地下に根ざし、蠢動している姿を示す字なのである。

歴史上の教訓としては、前回の癸亥の年は大正十二年（一九二三）で関東大震災が勃発している。また世界的にはソ連国家が誕生、即ちロシアの民衆の一揆が完勝したのは大正十一年の十二月末で、天変地異、人災革命と縁のある干支なのである。

甲子 ――昭和五十九年

昭和五十九年の干支は甲子《かっし》（きのえ・ね）である。「甲」は十干のはじめ、「子」は十二支の最初で、六十年ぶりに干支ともに初めに還ったわけである。

甲の字義　甲は殷代甲骨文字から見ると、亀の甲羅の縫文を象《かたど》る象形文字であると見られる（小林博編「漢字類編」）。そこから固い殻を被った物の総称となり、植物では、冬の間新芽を護る鱗状の皮、即ち鱗芽を指す。「説文解字」には「東方の孟（春のはじめ）陽気に萌《ぼう》（芽ばえ）動く、木孚甲《ふこう》を戴く象に従う」と記している。孚甲はかいわれで、樹々の芽が破れて、新芽を覗かせている状態が甲だと説明しているのである。

この新芽が出はじめるということから、甲に、はじめ・はじまる等の義が出てくる。甲は「はじめ」とも訓《よ》む。「易経」上に蠱《こ》という卦がある。その説明文の中に「甲に先だつこと三日、甲に遅れること三日」というのがある。この甲は物事をはじめるということ。例えば、それが新たに政令を発することであれば、その三日前に人々によく知らせ、そして布告後三日してさらにもう一度よく説明し熟知させるという意味である。このように甲には新しい生命力の新たなる創造・開発という義があるのである。

子の字義

一方、支の子という字の甲骨文や金文を見ると、父母の間に生まれる子《こ》の形と、十二支のはじめに使われる子《ね》とは別系統の字であるらしいのである。生子の子に当たる甲骨文・金文と「ね」として用いられるそれとが明らかに異なった字体であったのが、だんだんと時代が経《た》つにつれて、どちらも「子」という字になったので、子という字が生子の場合と十二支の場合の両方に用いられるようになった。十二支の子は、こどもの頭上に髪の毛が長く生えていて、どんどん伸びるような形をしている。巫術の時に神がのりうつる形式の象形だといわれる。この髪の毛が伸び茂ることから、子《ね》は孳とか滋とかの字が当てられるようになる。

「釈名《せきめい》」という古書に、「子は孳なり、相生じて蕃孳するなり」とある。蕃もしげる、孳もしげる、またふえるという意味である。「説文解字」では、子《ね》を「十一月陽気動き万物滋る、人以て称す」と説明して、万物がはびこり生まれる、人の子もそのように地上に蕃生するものの一つとして、子という字を使ったのだと説いているのだが、人の子の場合は「ね」とは別系統の字であったことは前に述べたとおりである。

「漢書」という漢の歴史を書いた書物の中の「律暦志」に「子《ね》は孳萌《じぼう》なり」とし、植物の芽がきざし始める貌としている。このように子《ね》にふえる、はびこるという意味があるところから、後に動物を配する時にねずみが当てられたのである。

結局、甲も子も新しく芽が伸び始める、新しい生命力が創造されることである。

緯書の三革思想

「易経」の緯書（五経を陰陽五行思想で裏側から説いたもの）に「辛酉に革命をなし、甲子に革令をなす」という語がある。また「詩経」の緯書に「十周参聚し、気神明に生ず、戊午に革運し、辛酉に革命し甲子に革政す」とある。この戊午革運・辛酉革命・甲子革政（革令）を三革と称している。十周とは一周を三百六十年としてその十倍の三千六百年のこと、三千六百年も経つと革新の機運が天地に漲《みなぎ》ってくる。その戊午（つちのえ・うま）の年には運勢を革《あらた》め、辛酉には天命が革まり、甲子には政令を革めるというのである。また別に千二百六十年（六十年の二十一倍）を一蔀《ほう》といって千二百六十年目の辛酉の年には大革命が起こるとも説かれている。

右のように中国では昔から甲子の年には政令を新たにすると言われてきている。それは、甲子の字の意義からも言えることで、特に昭和五十八年癸亥の年は干支の悪い面が全面的に出て、内外ともに戦慄を覚える年であった。干支は次の年に余韻を残すと言われる。

乙丑 ――昭和六十年

乙の字義

乙（発音イツ・オツ）の語源は乙形の骨ベラで、糸の乱れを解く道具の象形で、「乱」をおさめると読む根拠となる字であるといわれる。戦国時代から漢の時代にかけて中国で陰陽五行説が成立、発展した。この思想・文化の進展にしたがって文字の解釈も分化発展し、この立場に立って、許慎の「説文解字」が出現し、十干をも天地自然の運行と結びつけて解されるようになった。そこで、乙は「説文解字」に、「春に草木、冤曲《えんきょく》（曲がること）して出ずるも、陰気なお強く、その出ずること乙乙《いついつ》（出にくいさま）たるを象どる」と説明している。つまり春の初め、草木の芽が甲鱗を破って出かかるのであるが、寒気がなお強く、真直ぐに伸びかねて、曲がりくねった形になっている。その芽の象形と見たのである。

丑の字義

丑《ちゅう》の甲骨文や金文の初形を見ると、又（手のこと）に爪形がいくつも着いたような形になっており、手の指先に力を入れて強く物を執る形だといわれる（白川静博士『字統』）。それが隷《れい》書になると、又に縦棒が一本加わった形になる。そこから、曲がった腕を真直に伸ばすことの象形と見る。

「説文解字」には「丑は紐（はじめ）なり、十二月（旧暦）万物動き、事を用いるに手を挙げるの時なり」とある。また「漢書律暦志」という書物には、「子《ね》に孳萌《じほう》（増え芽生える）し、丑に紐芽《ちゅうが》す」と註している。紐芽とは、曲がる腕や、芽が曲がりつつ伸びるのを待つさまで、昨年の子年に出た芽が、乙と同じように、伸び悩んでいる形だと解している。つまり、丑も、屈曲した腕や芽が伸びようとしている姿なのである。

乙丑の意義

そこで、乙と丑が重なると、「外界の寒気、抵抗によって曲がりくねった芽が、伸びんとする意志を強固に持って、なんとか伸びよう、伸ばそうとしている。耐艱・忍苦の姿を示している」と言えるのである。

前年甲子の年に生まれた創造と発展の芽が、抵抗に出会い、屈曲を余儀なくされるかもしれない。

しかし、指先に力を入れてつかんで離さないように、曲がった腕を伸ばそうとするように、初志を曲げず最後まで貫徹するようにと教えているのである。

丙寅 ――昭和六十一年

丙の字義

「丙《へい》」という字の初義を甲骨文・金文とかの殷代の古い形を見ると、器物の台座、槍や杖の石突きの形をしており、本来は柄を示す字であったと見られる。またその形から魚尾を示すという解釈もある。「説文」では「丙は南方に位し、万物成りて炳然《へいぜん》たり、陰気始めて起こり陽気まさに欠けんとす、一の冂（けい）に入るに従う、一なるものは陽なり」と述べている。

つまり、丙の字の上の一は陽気がぐんと伸び切る姿で、昨年乙年が陰気が強く、伸び悩んでいた陽気が、丙の年にはぐっと伸び切ることを示している。生命・エネルギーが盛んになり、高まることを意味する。しかし循環の原理により、その陽気が窮まると冂、即ちかこいの中に陽気が入って、やがて陰気が生ずる気運となるのである。壮年のエネルギーが熟年となり、やがて老衰に向かうがごとくである。これから見ると丙年は、昨年に比して、物事が盛んになり、伸張する年であることを意味することになる。丙は火の兄《え》である。丙に火扁をつけたのが炳という字で「あきらか」「つよい」という意味がある。丙は炳で、エネルギーが強く燃焼発展することを示している。丙年は事業においても積極的に進展させ得る年であるが、有頂天になって喜んでいては、冂の中に陽気が入るように、衰弱を来たすことを忘れてはならない。

寅の字義

「寅」の甲骨文の形を見ると、矢と両手とから成る象形文字である。両手を以て矢柄の曲直を正す形と見られる。この矢には「誓う」という義がある。古代人は重要な約束ごとは矢を両手に挿んで誓ったことが由来である。それで寅には「つつしむ」「たすける」という義がある。

この「たすける」ということから、寅には同寅《どういん》（同僚の意味）、寅誼《いんぎ》（同僚のよしみ）、寅清《いんせい》（同志相たすけて、曲事・公害を清める）という熟語がある。丙の伸張・膨張に対して、寅に「つつしむ・たすける」という義があることは重要である。

「説文」の、「陽気が地上に出でんとし、陰気がなお強い」という説に対応して「漢書律暦志」には「丙は引達なり」とあって、植物の芽が、ぐんと伸びる意に解していることを紹介しておく。

丙寅の意義

人事界に即して言えば、事業が進展し、諸種の改革事業も著しく前進するであろう。しかしそのためには、心を引き締め、つつしみ、同志・同僚相たすけ、協力して事に当たるを要するということである。

前回大正十五年の丙寅の年は、社会主義諸政党の伸展、共産主義運動の高まりが見られ、健全な政党政治に腐敗のかげりが見え、反動的に軍部の台頭による昭和維新運動の機運が醸成せられた年であったことを反省の材料としたい。

丁卯

——昭和六十二年

昭和六十二年の干支は、丁卯《ていぼう》（ひのと・う）で、俗にいう、う（兎）年である。

丁の字義

「丁」は干の四番目、甲乙が五行説で木に配せられるのに対して、丙丁が火に配せられ、丙が火の兄《え》、丁が火の弟《と》ということで、丁を「ひのと」と訓ずる。

丁の最も古い字の形は、釘の頭の形で、釘の最初の字であるとされている。「説文解字」では、丁は丙を承《う》けて「夏時草木の繁茂を示すもの」と解している。ある説では、丁は、植物の芽が伸びようとして地表に丁型にあたり、なお表面に出きれない時期としている（藤堂明保著『漢字文化の世界』）。

卯の字義

「卯」は支の四番目、月では陰暦二月、時刻では午前三時前後の二時間、動物では兎に配されている。卯の甲骨文字は白川静博士の『字統』では、神に供える牛や羊の牲肉を両断した形と解しておられる。これが原義であろう。

「説文解字」では、音通で、卯は冒《ぼう》なりとよみ、「二月、万物地を冒《おか》して出づ。門を開くに象どる。故に二月を天門と為す」と解説している。天地の運行、四季の循環による万物生成の順序から、子丑寅と伸びてきた植物が卯に至って、蔽いかぶさるように（冒は蔽いかぶさる）繁茂してきたことと解し、字形からして卯を門を開いた形とし、春二月、天門が開いて万物が繁茂すると解したのである。藤堂明保氏の『漢和大字典』では、卯を無理やりに門を押し開けた形と解しておられる。

丁卯の意義　以上の干支学的解釈から、丁には従来の勢力を維持せんとする動きに対し、それと直角に衝突して新しい勢力を突き通そうとする動きがあるということである。この新しいエネルギーが卯において、天門を開けさせる。その門の内側には迂余曲折しながら未処理であった諸問題が山積している。それを、戒慎しながら解決していくというのが、丁卯の年なのである。

戊辰

――昭和六十三年

戊の字義　戊は漢音でボウ、普通ボと発音する。甲乙丙丁戊と十干の第五位におかれ、五行では土に配され、訓で「つちのえ」とよまれる。甲骨文とか金文を見ると、戊は、大きな刃がついた戈の形象である。戊は後これに草冠のついた茂と共通し、干支学的には「茂る、繁茂する」という意味を持つ。戊は、植物が繁茂するように、物事が繁栄し、繁雑化するにしたがって無駄を省き、簡略化することにつとめることを意味する。

辰の字義　辰は音シン、訓はタツ、十二支の第五番目。動物では竜、方角は東南東、時刻は午前八時、月では旧暦三月、佳辰といえば吉き日、芳辰というときは吉き時。日月星を三辰といい天体の総称、辰は星座のさそり座であり、北辰といえば北極星を指すなど、辰はなかなか多義である。

辰の甲骨文、金文を見ると、蜃（シン・大はまぐり）の象形文字で、大蛤が足の肉をひらひら動かしている形である。蜃はまた「みずち」という想像上の動物の名で、息を吐くと海上に蜃気楼《しんきろう》を起こすといわれている。辰は振に通じ、また震に通じる。大蛤の足の肉をひらひら動かす形に通じるところがある。「説文解字」では、「辰は震なり、三月陽気動き、雷電振るう。民の農時なり、物皆生ず云々」とある。震とは、雷鳴の轟きによって天地が震動することである。

「易経」下巻に震の卦がある。䷲、上下とも雷の卦で、震為雷《しんいらい》の卦という。易では震は雷を象っている。卦を見ると上に二つ陰爻《こう》が並んでいる。一番下に陽爻がある。陽爻が盛んな勢を以て活動し、上にある二本の陰爻を突き破って進もうとする形、これを天地間の現象に配して雷とするのである。一陽来復の冬至の時に、微かな陽気が萌し、それが春になって勢力を増し、秋冬以来の陰気を突き破る春雷となって轟きわたる。積りに積った陰気を突き破って陽気の象徴たる雷が発動するのである。この雷の卦のことばに、

震は亨《とお》る。震来る時、虩々《げきげき》たり。笑言啞々《あくあく》たり。震、百里を驚かせども、匕鬯《ひちょう》を喪《うしな》わず。

とある。「亨る」とは結果的には良くなる、ということ。「虩々」とは恐懼戒慎する形容。なぜ亨るかといえば、雷霆が轟けば、誰も驚かない者はない。震には恐懼の義があるのである。しかし、虩々然として恐懼修省し、誠敬以て心を安定させる。そうすれば笑言啞々。「啞々」は和らぎ楽しんで笑語する形容で、悠々として談笑の間に事を処することができる。だから亨るのである。また、百里四方を驚かすような雷鳴があっても、宗廟のお祭りにおいて、祭主が、鼎の中の肉をすくいあ

げる匕、つまり匙を取り落したり、神雷を迎える時に用いる大切な酒、即ち鬯《ちょう》を取り落したりすることなく、泰然自若として、その祭りを執行することができれば、亨るのである。これは如何なる事変が起こっても恐怖狼狽せず、守るべきことを守って事を処することを述べている。

戊辰の意義

以上、戊は茂るであり、辰が震であるとすれば、戊辰《ぼしん》の年は、国内的にも国際的にも大変動の年となることを覚悟せねばならない。これに対処するには、「茂」が葉刈りの必要性を暗示するように、無駄を省き、不要な雑事を整理して、事に当たる姿勢を確立することが大切である。そして、百里四方を震動する雷鳴が轟いても、動顛せず、慎重に対処し、守るべきものは守る心がけが必要である。

己巳

——平成元年

昭和六十四年（一月八日より平成元年）の干支は、己巳《こし》（つちのと・み）である。己は漢音・呉音ともキと発音、慣習的にコとも発音する。克己・知己はキ、自己・修己の場合はコという。己巳の場合は、癸がキと発音することから、紛れを避けるために一般にコシといっている。

己の字義

己は古くから、十干の第六番目の「つちのと」（土の弟）と「おのれ」という両義に用いられているが、おのれと用いるのは己の本義ではなく、仮借義（音を仮りて別義を表わす）である。

「己」の甲骨文の解釈について、これを定規または糸を繰り取る器と見る説、曲がりくねった糸の端緒と見る説、伸びた新芽の曲がった形と見る説の三説がある。

中国・南北朝時代の梁《りょう》の学者蕭吉の編した「五行大義」に、「己は紀なり、物既に始めて成るに条紀（筋道）あるなり。鄭玄（後漢末の大儒者）云う、『戊の言は茂なり、己の言は起なり』と、万物みな枝葉茂盛し、その秀を含むものは、抑屈して起こるを謂うなり」と述べている。

蕭吉は己を曲がりくねった糸の端緒の形と見、紊乱《びんらん》した絲の端緒を引き出して、その糸筋を正しく整理するという義を持つ「紀」のもとの字が「己」であると解し、それで「己は紀なり」と言うのである。彼は自説以外に、「己は起なり」という鄭玄の説をも紹介し、その意味を解説している。

鄭玄は、十干の進展が、陽気の進展に従って変化する陰陽五行説の立場から、甲（鱗殻に覆われた芽）乙（芽が少し出かかる）丙（根が左右に張る）丁（芽が地上に出ようとする）と陽気が進み、戊に至って植物が繁茂し、己においては秀（梢の先の新芽）を含むようになる。その抑屈し曲がっていた秀が曲がりながらさらに伸び起こってくることから、己は起のもとの字だと説いているのである。

秦時代以前の古い字体の己は、三横線と二縦線とから成っており、これは糸筋を整える形と見られる。『字統』には「紀は糸数を揃えてまとめることをいう。故に紀綱・紀統の意を生じ……」とある。

巳の字義

巳は音はシ、訓はみ、十二支の六番目、季節は四月、動物では蛇に配せられる。巳の甲骨文、金文、小篆《てん》はともに明らかに虫の形である。「説文解字」には「巳は巳なり、四月陽気すでに出て、陰気すでにかくれ、万物あらわれ、彣《ぶん》彰（美しい色どり、彩）をなす。故に巳、它（蛇）となる。象形なり」と説いている。巳は冬眠している蛇、春になり、冬眠よりさめて地上に現われたのが蛇だというわけである。

巳の小篆の形は胎児に似ていることから、巳は植物の芽が子房の中に芽ぐみ始めることとする説があり、また巳は「止む」の義を持つ已と同義とする説がある。古い辞典「正字通」に「陽気は子（ね）に生じまた巳に終る。巳は終りの巳なり。陽気既に極まり、回復するの形なり。故にまた終の巳字となす」と書いている。巳は已に通じ、物事がいったん終結しまた新たに出発するという意義を巳が含んでいることは重要である。

己巳の意義

以上によって明らかなように、己巳の年は、まず、従来の因習生活に終りを告げて、新たなる創造に向かって出発することである。

庚午

——平成二年

庚の字義

「庚」はコウ、十干の七番目、五行で言えば金に当たり、金の兄ということで「かのえ」と訓《よ》む。

庚の古い文字篆文《てんぶん》の形はである。字の真ん中は杵の形で、下の左右は両手をあらわし、字全体で杵を執る象形文字である。庚と米と重なった文字が康で、糠（米ぬか）の原の字であることなど

から考えて、庚の原初の意味は、杵を執って臼で穀物を搗《つ》く形と考えられる。搗くには、続けねばならない。そこに継続の意味が生じる。搗けば穀物は変化するから、更《かわ》る、更新という意味も生まれてくる。「易経」下巻の巽《そん》の卦《け》䷸の下から五番目、九五の爻《こう》の説明に「庚は更なりで物事を変更する意味。昔は十干を以て日を数えていたので、庚の日に先立つ三日は丁の日に当たり、丁は丁寧の意味、庚の日に後るること三日は癸の日に当たる。癸は揆《き》で揆度《きど》（はかり、はかる）の意。政令等を変更するときは始めに丁寧に考慮し、また変更した結果がどうなるかを十分に揆《はか》り度《はか》って実施に移せば良い結果が出る」ということで、庚は更の意として用いられていることが分かる。

また「礼記」檀弓下に「季子皐《こう》の其の妻を葬るや、人の禾（稲）を犯《ふ》（踏み倒す）めり、申詳以て告げていわく、請うこれを庚せん」とあり、庚とは償うことだと註がついている。庚を償う意味に用いている。このように庚には、継ぐ、償う、更《かわ》るの三義がある。

午の字義

午はゴと発音、十二支の七番目、うまと訓じる。安岡正篤先生は、「午の上の形は𠂉と書き、地表をあらわしている。下の十の横一は陽気で、縦｜は陰気が下から突き上げて地表に出ようとする象形文字であります。だから午は忤なりで、〈そむく・さからう〉という意味になるのです」と説いておられる。これは「説文解字」に「午は啎《さから》うなり。五月には陰気、陽に啎逆《ごぎゃく》して地を冒して出づるなり」とある説明を字の構成上から説かれたものである。

白川静博士の『字統』によれば、午の金文（古代の銅器などに彫られた文字）の形はで杵の象形文字である。杵は古代呪器として邪悪を祓《はら》う道具に用いられた。この祭儀を御という。午はこの祭儀の初形であった。この邪悪を祓い退ける祭儀は、悪霊に逆らって防御するのであるから、午には忤らうという意味が生ずる、という意味のことを述べておられる。

このように午は原初的意味においても、陰陽五行的解釈においても、「さからう・そむく・おかす」という意味を持っている字である。

庚午の年の意義

前年の干支「己巳《こし》」が示すように、綱紀を粛清し、因循姑息《こそく》な生活から新しい創造の世界へと進むことができるならば、庚午の年において、そむき、さからう反対勢力が強くても革命（勢力逆転）には至らず、従来の勢力を維持継続して進化前進することが可能となる。しかし反対に、己巳の意味するところを実現できなかった場合、忤らう反対勢力の攻勢を食い止めることができず、勢力の逆転現象が生まれる可能性がある。

辛未

——平成三年

辛の字義

辛の字義は二四二頁の説明をご参照ください。ここでは補足説明として白川静博士の説を紹介しておこう。

辛の最も古い字形、甲骨文（殷代の文字）を見ると、図①②③のように、把手のある大きな直針の形をしている。殷の時代に奴隷や罪人に入れ墨をする道具に用いられたという（白川静博士『字統』）。

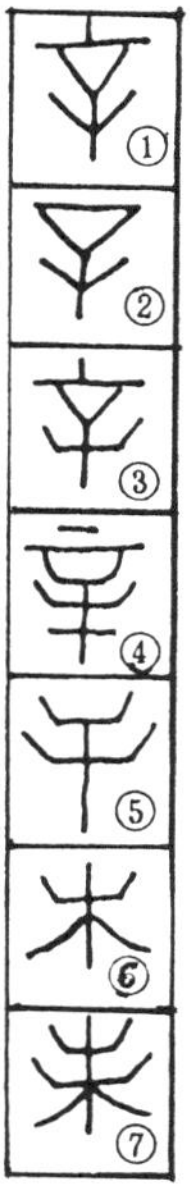

辛を含む字が新である。新は辛と木と斤から成る会意文字で、白川説によれば、新しく死んだ者の位牌（木主）を作るとき、その樹木を選んで辛（針）を打ち、選木し、それを斤（斧）で切り倒して新しい位牌を作ったのである。そこから、辛は新に通ずる意義を持つ。

以上の原義が伝わって、諸橋博士の『大漢和辞典』では次のような字義を挙げている。①つらい、むごい、きびしい、を挙げ、古書から「辛苦窮まるなり」を引用している。②五味の一つとして、からい、からみ。辛酸の辛である。③漢代の班固の著『白虎通』から引用し、「辛は殺傷する所以《ゆえん》なり」とする。④『漢書・礼楽志』の註から「辛は斎戒自新の義をとる」を引用。⑤『史記・律書』の「辛は萬物の辛（新）生を曰うなり。故に辛と曰う」を引用。辛は新なり、とする。⑥『説文通訓定声』（清代の書で『説文解字』の解説書）に「辛は大皋（つみ）なり」とあることから、辛には「大きな罪」の意があるとする。同書は、辛は羊と上に従う会意文字であるとし、「上を干（冒）すを辛と為す」とある。

安岡先生が本書の一一六頁で解説されている「辛」の字義は、前掲⑥に拠られたものであるが、辛の隷書（図④）を見るとさらに解りやすい。辛の隷書は、「上」を表す二と干《おか》（図⑤）、それに一がついた形である。これを説文学的に、一陽が上を干す形と見て、現状打破、殺傷を伴う革新の義であり、④の「斎戒自新」の義を引用されたわけである。

未の字義

辛と同様に安岡先生の説（本書の七一頁）を参照。未は十二支の第八位にあり、方角は西南、月は六月（陰暦、日時は午後二時を指す）。甲骨文では、図⑥⑦の形で木の枝葉が繁茂する象形文字である。未来とか未然のように「いまだ」の意にとるのは、本来の意味ではなく仮借である。羊という動物名とも本来無関係である。十二支の動物名は漢代につけられたという。

以上から、未の義に学ぶところは二つある。一つは繁った枝葉を削除して風通しをよくすること。第二は明るくすること。つまり、事を省き、もの事を不昧《ふまい》にもって行くということである。後暗い行動を慎しみ、公明正大に事を行なわねばならない。

辛未の意義

辛未《しんび》の年は、庚午《こうご》の年を受けてさらに更新・改革を前進させねばならない。一歩過れば、つらい、むごい殺傷を伴なう事態へと進む可能性がある。

壬申

——平成四年

壬の字義

壬は音ニンまたはジン、訓読みでは、「みずのえ」で、中国五行思想の木火土金水の水で、水の兄《え》が壬、水の弟《と》が癸《き》で、「みずのと」である。壬は十干の九番目、方角では北を指す。

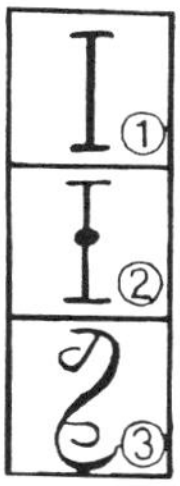

壬の最古の形は殷代の甲骨文字で、形は図版の①の形、それより少し新しい金石文字では図版の②となっている。白川静博士の『字統』では、この形を、その上に物を載せて工作する叩き台の象形としている。②の中黒は叩き台を強く支えるための補強物である。つまり壬の最も古い形は、鍛冶《たんや》のための台で、工具の一種だったのである。

『正字通』（明代の辞書）に、「壬は任と通じ合うなり」と解している。

以上のことから、壬は任に通じ、任は物を載せ、その負担に任《た》えることであり、そのことから「責任を荷なう」とか「任務を受ける」とかいう意味が生じてきた。その責任とか任務を他人に任せるとき、任命・委任というような義を生じてきたのである。

漢代、許慎の著した古典的名著『説文解字』という辞書に、「壬は北を指し、陰気が極まって陽気が生じて来る。この陽気によって大地に万物が生じる。万物をはらみ始める」そこで壬に女偏をつけて「壬は妊なり」としている。

任にはまた「へつらう」という義がある。『説文通訓定声』に「任は栠という樹の名に仮借して用いられる。栠という樹は柔弱な樹で、そこから栠人ということばが生まれる。栠人とは、意志の弱い人間を指すことばである」とある。だから壬人と栠人とは同義で、『漢書』の元帝紀に、「是の故に壬人位に在り」の壬人の意味を服虔《ふくけん》という学者が、「壬人とは佞人《ねい》なり」と註している。ここから壬人は栠人であり佞人であるということになる。佞人とは上にへつらい、下に威張る、本当は意志の柔弱な人間を指す言葉なのである。以上から、壬には

1、壬は任で、任は重い負担に任《た》えることを意味し、責務を任うことに通じる。

2、任は妊に通じ、物を妊むことを意味する。

3、壬は栠人であり佞人に通じ、上にへつらう柔弱な人間を指す。

申の字義

申は音シン、訓読みでは「さる」で、十二支の第九位、方角では西南西、時刻では午後四時、動物では猴（猿）に配せられる。

申の金石文字（殷・周時代）の形は図版の③で電光の走る象形である。神の初形とされている。電光が斜めに屈伸して走ることから、申は伸に通じ、伸びる、という義に通じる。この電光の屈折を人や物事の屈伸にも適用され、伸張、伸舒というように用いられる。

壬申の意義

壬申の歳は、壬の義が非常に大切である。責任ある地位に任命された人が、その重責に任（耐）えて立派にその責任を果たすか否かによって、物事が伸長するか、後退するかが懸っている。仮りにも桀人、佞人が用いられるときは、事態を悪化させ、危機を妊むようになる。つまり、壬の歳は、人事が非常に大切なことになる。

癸酉

――平成五年

平成五年の干支は癸酉《きゆう》（みずのと・とり）である。

十干を五行でいうと、甲乙は木、丙丁は火、戊己は土、庚辛は金、壬癸は水で、季節でいうと、甲乙は春、丙丁は夏、庚辛は秋、壬癸は冬である。戊己の土は各季節に含まれている。特に夏の土用がよく知られている。

このように癸は季節では晩冬で、陰気が極まって来る。「陰極まって陽生ず」で、平成六年は初春を迎える、即ち甲（きのえ）となる。「陰極まる」とは自然のエネルギーが潜蔵され、蓄積されている状態である。

「癸」と「酉」の字義

「癸」および「酉」の説文学的意義については、本書の一八～二二頁、二四六頁、一〇〇～一〇四頁、二四三頁を参照してください。

癸酉の意義

癸と酉の持つ意義から、癸酉の年は、まず、よく測る、十分な計画を樹てる、その計画が法則・道に叶ったものであり、関係者一同が、揆一、即ち心を一つにして、その計画を実行に移すことの大切さを示していると見るべきである。そうすれば熟成した黍から酎酒が造られるように、よい成果、よい気運が醸成されてくる。そして、エネルギーが蓄積され、次の年の平成六年には陽気が生じ、春を迎え、新しい芽生えが始まるのである。

甲戌 ――平成六年

甲戌《こうじゅつ》（きのえ・いぬ）の年は干支学的に言えば「陰極まって、一陽来復の希望の持てる年」である。

「甲」と「戌」の字義

「甲」および「戌」の説文学的意義については、本書の三三頁、一六四頁、二四八頁、一〇七～一〇九頁、二四五頁を参照してください。

甲戌の意義

この年は陰極まって一陽来復の希望の持てる年である。

干支は尾を引くと安岡正篤師は言われたが、平成六年のはじめはまだ陰気が残っているかも知れないが、今年は良くなるという希望をしっかり持って、自主的、創造的に新しいことをはじめ、不必要なものの戌削《じゅつさく》を断行することである。

乙 亥

——平成七年

乙亥《おつがい》は木の弟《と》・猪《い》であり、通俗的には「いのしし」の年である。

「乙」の字義

乙は十干の二番目、甲が木の兄《え》であるのに対して木の弟である。許慎の『説文解字』によると、「乙は春のはじめ、草木（草木の芽）寃曲《えんきょく》（まがる・かがまる）して出《い》づ。陰気なお強く、その出《い》づるや乙乙《おつおつ》なり」と書かれている。

その意味は、前年の干は甲で、一陽来復して冬の間、鱗甲の中で陽気を待っていた芽が、乙の年となって、鱗甲を破ってすっと伸び出したのである。ところが、乙の年はまだ陰気が強く残っていて、冷気もあり、春寒の状況にあるため、せっかく伸びた芽が、寒さのために、寃曲、すなわち立てた糸の先が曲がるようにかがまってしまう。つまり、伸びることは伸びても、その伸び方が乙乙としているというのである。

「亥」の字義

亥は十二支の最後、陰暦では十月に当たり、冬の初めである。陰暦十月は、易の卦では「坤《こん》」に当たり、坤は全爻《こう》が陰（䷁）で、地上に陽気が全く無くなった状態を示す。『説文解字』では「亥は荄《がい》なり、十月微陽起り、盛陰に接す云々」と説明している。その註釈に「荄は根《ね》なり」とある。つまり、前年戌《じゅつ》（いぬ）はまだ一陽が残っていた。それが亥の年になって、陽気は根に入り、地上は全陰（盛陰）となる。ところが陰陽の原理に従い、「陰極まれば陽生ず」で地中には既に陽気が根ざし、その微陽が地上の全陰の状態を押して地上に出ようとする。その、「きざす」「根ざす」という働きも亥には内在するのである。

前記『釈名《せきめい》』に、「亥は核である百物を収蔵す」とか、「亥は物皆堅核と成るを言う」等の説明をしている。九月、秋の終わりに、草木の果実の中に、十月になって、堅い「たね」ができる。その内部には「百物収蔵す」で、エネルギーが充満しているというのである。

乙亥の意義

前年の戌は、戌削といって、繁茂しきった枝、葉を切り払い、風通しをよくして、根に養分を蓄える年であった。平成七年、亥の年は、この意味するところと重なって景気は低迷するものと思われる。それどころか、地下の陽気が、また核に充満しているエネルギーが暴発するかも知れないのである。乙亥の年は、決して安心のできる年とは言えない。

過去の乙亥の年

前回の乙亥の年は昭和十年で、美濃部達吉博士の「天皇機関説」をめぐって、軍部・右翼の突き上げにより、国体明徴運動が暴走する。また陸軍内部で、統制派と皇道派の対立が激しくなり、統制派の永田鉄山軍務局長が皇道派の相沢中佐に斬殺されるという事件が起こり、翌年の二・二六事件に進んでいくこととなる。

平成七年も容易ならぬ年になると思われる。

丙子

——平成八年

平成八年の干支は丙子《へいし》（ひのえ・ね）でいわゆる、ねずみ年で、十二支が最初に返る年である。平成七年乙亥《おつがい》の年は戦後五十年を記念する年であったが、阪神・淡路大震災、オウム真理教の悪逆無道な殺人事件、国民の政治不信、不景気による経済の停滞等最悪の年であった。

これらは干支乙亥の意味するところと奇《く》しくも一致していた。

丙の字義

丙は五行〈木・火・土・金・水〉では火の性格、方角では南、季節では夏である。

『説文解字』（後漢・許慎著）には「丙は南方に位《くらい》し万物成りて炳然《へい》たり。陰気初めて起こり陽気まさに欠けんとす。」とある。

「南方に位し」とは方角では南、季節では夏ということ、「万物成りて」とは夏に陽気が伸長して万物が生き生きと繁茂すること。炳然の炳はあきらか・輝く・著しいなどの意味がある。「炳然たり」とは繁茂した万物が光り輝いているということである。

ただ『説文解字』にある「陰気起こり陽気まさに欠けんとす」ということばが気がかりである。これについて漢書《かんじょ》（漢の歴史書）の「律暦志」（音律・暦法の書）に丙の字を分解して丙は一と入と冂《けい》とから成る会意文字で、一は陽気を表し、その陽気が〈けい〉の中に入り、その中に隠れてしまうことと説明している。

つまり陰陽相待の原理から陽気が強くなれば陰気生ずで、夏でも陰気が強くなって冷夏という現象があるように、油断すれば陽気の盛んな年であっても陰気が生まれ陽気が去ることもあることに留意せねばならない。

上記のことから丙《ひのえ》の年は陽気が伸び、景気が回復し希望の持てる年であることを示している。

子の字義

『説文解字』に「子《ね》は十一月、陽気動き万物滋《しげ》る。人以って称す。」とある。子は十二支の初め、月では十一月（陰暦）、前年の亥は初冬十月で陽気悉く地中に入り、地上に陰気が満ちていたが、陰極まって陽生ずで、十二支の初めに返った子年には、陽気が地上に出て万物が滋るというのである。

仲冬に万物が茂るというのは少しおかしいが、古い辞書の『釈名』（後漢・劉熙著）には「子は孳《じ》なり、相生いて茂る」とある。また前記「律暦志」にも「子は孳萌なり」とあり、芽が伸び殖えることとしている。これは子の甲骨文字の形がこどもの頭髪が伸び茂っている象形文字であることに、由来しているものと思われる。以上「子」は陽気の到来と物事の増殖することを意味している。

丙子の年の意義

前回の丙子の年は昭和十一年である。この年は昭和四年以来、世界不況のあおりを受けて不景気に喘いでいたわが国の経済が、各種の要因によっていちじるしい回復と発展とを遂げた年である。

中村隆英氏の『昭和史』（東洋経済新報社刊）によれば、戦争が無くこのまま推移すれば、わが国は戦後に見られたような経済発展を遂げる可能性があったと述べておられる（同書一六九～一七〇頁）。この年、二・二六事件が起き、軍部の発言力が圧倒的に強くなり、国民経済から軍時統制経済へと進み、経済発展の芽は摘みとられた。

平成八年には二・二六事件のようなことは起こらないであろう。干支の意味するように、陽気が伸長する年、明るい希望の持てる年である。ただ政治家が従来のように因循姑息《こそく》な駆け引き政治に終始するならば、せっかくの丙の一陽が冂《けい》の中に隠れ、陰気に蔽われるようになるだろう。

現在アジアでは中国の著しい軍事力の増強、中台関係の緊張、北鮮の不安定な国内事情等から平和を脅かす条件が内在している。「好戦も亡国だが避戦のみを叫んで、対策を怠るのも亡国である」というドゴール将軍の言葉は、わが国にも当てはまるのではないだろうか。アジアには中国を取り巻く、戦争への不安が存在することを忘れてはならない。

干支と安岡先生

偉大とは「方向を与えることだ」とは、むかし読んで強い感銘を受けた西哲の名言であるが、今日のように社会の仕組みが複雑になり、さまざまな情報が巷に氾濫し、混沌として帰趨《きすう》を知らぬ時代にあっては、大所高所から明確な方向を指示する先覚的指導者が切実に求められる。

安岡先生がご在世の頃には、どんな問題でも先生にお尋ねすれば必ず解決の方向が与えられるという一種の安心感が、少なくとも私自身の心のうちには潜在していた。熱心な師友会員の方々も、おそらく同じような思いであったろうと推察される。

佐藤栄作元総理は、古くから先生と親交があった池上作三翁（同氏の叔父、かつて安岡家の主治医）の縁で、若い頃から安岡先生に親炙《しんしゃ》し、ことに総理在任中はいわゆる宰相学についてはもとよりだが、とくに年末には干支について教えを受けていた、と当時の首席秘書官の楠田實氏が書いている（ASIAN REPORT 89年9月号）。野村證券社長時代の奥村綱雄氏も、年の暮には必ず先生のお宅を訪ねて、親しく干支の講釈を受けることを楽しみにしていたと聞いている。自民党内の派閥を超えた国会議員の集団であった素心会（会員百余名、会名は先生が命名）では、長年にわたり年頭には先生の干支の講話が恒例として行なわれた。そういう次第で、先生は個人にとっても国家にとっても魅力的な導師であり、向かうべき方向を指し示す大いなる道標ともいうべき存在であった。

先生が干支の解説を「師と友」（全国師友協会の機関誌）に発表されるようになったのは昭和三十八年からであるが、それは政界や財界の要人から質疑を受けるうちに、国政や経営に示唆を与える方便の一つとして、古伝承のすぐれた智恵に根ざし、経験的・啓示的に意味をもつところの干支に思いつかれたからであろう。ただ先生の場合は「示唆を与える」といっても、世間の易占や神がかり的な予言とはかなり拠《よ》りどころが違っていたように思われる。

それでは現代に生きる我々は、干支のような古来の伝承をどう考えればよいのであろうか。これについてまず思い起こされるのは『論語』述而篇の有名な一節である。古代の文物制度について孔子は「述べて作らず、信じて古《いにしえ》を好む」と述べている。これは《私は先賢の道を祖述するだけで、恣意《しい》の創作はしない。あくまでも伝統を信じ、その中の不変の真理を愛好するものだ》と解される。孔子はまた同じ述而篇の中で、「我は古を好み、敏《びん》以てこれを求めし者なり」すなわち《私は古代の理想や文化に憧れ、まめにこれを求めてきた者である》とも述べている。けだし人類の文化遺産というものは決して一個人の創作ではなく、多くの先哲の長年にわたる叡知と体験との集積である。だから古代の文物制度に対しては、心を虚しうして素直に学ぶことが先決である、という孔子の尚古思想がこれらの言葉に端的に現れているように思われる。

そうした尚古思想については、かねがね安岡先生も言及しておられる。一例をあげると『礼記』の礼運篇に収められている「大同・小康」の思想について先生は「これはシナ民族に共通するユートピア思想であるが、そのユートピアは未来に描くのでなく、過去に実現されたものとして考える。東洋、とくにシナ民族は、理想を未来にかけて描くという空虚に堪えられない。理想が真剣、熱烈であればあるほど、すでに偉大な先人・先賢により立派に実現されたものと観ずる。それによって初めて価値を見いだし、初めて情熱を懐《いだ》くことができる」(『活学』第二篇)のであると説いておられる。同様の考え方は旧約聖書にも見られる。「日の下に新しきものなし。見よ、これは新しきもののなりと指して言うべきものありや。それは我らの前にありし世々に、すでに久しく在りたるものなり」(伝道之書)と。

シナの尚古思想やユートピア思想とは少しニュアンスが異なるが、過去に教訓を求め、未来に対する判断の拠りどころにするという考え方については欧米においても相通じるものがある。たとえば「将来に対する最上の予見は、過去を省みることである」(アメリカの政治家ジョン・シャーマン、一八二三〜一九〇〇)。「私は過去によるほか将来のことを判断する道を知らない」(米・パトリック・ヘンリー)。「将来に関する予言者の最善なるものは過去である」(バイロン)。「歴史は例証からなる哲学である」(ギリシャの歴史家、D・ハリカルナッセウス)等々、枚挙にいとまがない。

「故《ふる》きを温めて新しきを知る。以て師となるべし」(論語為政篇)という。古い文化と伝統の中から新しい時代への教訓を引き出す見識と力量がなければ、すぐれた指導者としての資格があるとは言えまい。干支といえば、近代的教育を受けた知識人の間には、古くさい迷信として一笑に付す向きもあるが、中国古代の文明は、今日われわれが想像する以上に高度のものであった。一、二の実例をあげると、たとえば七十六年ごとに地球に近づくハレー彗星の記事が昭和六十年の新聞を賑わしたが、『史記』には秦始皇帝「七年(BC二四〇年)彗星まず東方に出で、北方に見《あら》われ、五月、西方に見わる」(秦始皇帝本紀)と記されていて、当時の天体観測が今日からみても、きわめて正確であったことが証明されている。また一九七四年、西安郊外にある始皇帝陵の近くで発掘された七千体に及ぶ等身大の兵馬俑《よう》などは、今日の技術水準からみても、すこぶる精巧なもので、その道の専門家を驚かせた。

古来わが国で親しまれてきた干支は、安岡先生が本書に詳説されているように、長い年月にわたる歴史的観察と統計上の確率や蓋然《がいぜん》性（probability）に基づいて帰納的に生み出された暦学の応用であって、人生社会を考察する上での一つの規準として意義深いものがある。しかし、干支をどのくらい活用できるかは、受用する側の人間内容により千差万別であって、それが真の創造的実践に結びつくためには、調和のとれた人柄、ゆたかな経験、深いしかも融通無碍《フレキシブル》な哲学の裏づけといったものが限りなく要求されるであろう。人世をより良く生きるためのきっかけとして、干支の暦学を温故知新することはまた興味深いことではある。

終わりに一言。安岡先生の学問に傾倒するプレジデント社の多田敏雄氏が、このたびも不惜身命の意気込みで編集・造本に没頭してくださった。

また昭和五十六年以降、平成二年までの干支については、関西師友協会の河西善三郎事務局長が、安岡先生の所説に基づき、新しい説文学の成果をも加味して懇切な解説を追加してくださった。ありがたいことである。併せて敬謝申し上げる次第である。

平成元年十月

瓠堂会世話人・元全国師友協会事務局長

山口 勝朗

明治32年～平成33年の干支

明治32年	1899	己	亥
明治33年	1900	庚	子
明治34年	1901	辛	丑
明治35年	1902	壬	寅
明治36年	1903	癸	卯
明治37年	1904	甲	辰
明治38年	1905	乙	巳
明治39年	1906	丙	午
明治40年	1907	丁	未
明治41年	1908	戊	申
明治42年	1909	己	酉
明治43年	1910	庚	戌
明治44年	1911	辛	亥
明治45年 大正元年	1912	壬	子
大正 2年	1913	癸	丑
大正 3年	1914	甲	寅
大正 4年	1915	乙	卯
大正 5年	1916	丙	辰
大正 6年	1917	丁	巳
大正 7年	1918	戊	午
大正 8年	1919	己	未
大正 9年	1920	庚	申
大正10年	1921	辛	酉
大正11年	1922	壬	戌
大正12年	1923	癸	亥
大正13年	1924	甲	子
大正14年	1925	乙	丑
大正15年 昭和元年	1926	丙	寅
昭和 2年	1927	丁	卯
昭和 3年	1928	戊	辰
昭和 4年	1929	己	巳
昭和 5年	1930	庚	午
昭和 6年	1931	辛	未
昭和 7年	1932	壬	申
昭和 8年	1933	癸	酉
昭和 9年	1934	甲	戌
昭和10年	1935	乙	亥
昭和11年	1936	丙	子
昭和12年	1937	丁	丑
昭和13年	1938	戊	寅
昭和14年	1939	己	卯
昭和15年	1940	庚	辰
昭和16年	1941	辛	巳
昭和17年	1942	壬	午
昭和18年	1943	癸	未
昭和19年	1944	甲	申
昭和20年	1945	乙	酉
昭和21年	1946	丙	戌
昭和22年	1947	丁	亥
昭和23年	1948	戊	子
昭和24年	1949	己	丑
昭和25年	1950	庚	寅
昭和26年	1951	辛	卯
昭和27年	1952	壬	辰
昭和28年	1953	癸	巳
昭和29年	1954	甲	午
昭和30年	1955	乙	未
昭和31年	1956	丙	申
昭和32年	1957	丁	酉
昭和33年	1958	戊	戌
昭和34年	1959	己	亥
昭和35年	1960	庚	子
昭和36年	1961	辛	丑
昭和37年	1962	壬	寅
昭和38年	1963	癸	卯
昭和39年	1964	甲	辰
昭和40年	1965	乙	巳
昭和41年	1966	丙	午
昭和42年	1967	丁	未
昭和43年	1968	戊	申
昭和44年	1969	己	酉
昭和45年	1970	庚	戌
昭和46年	1971	辛	亥
昭和47年	1972	壬	子
昭和48年	1973	癸	丑
昭和49年	1974	甲	寅
昭和50年	1975	乙	卯
昭和51年	1976	丙	辰
昭和52年	1977	丁	巳
昭和53年	1978	戊	午
昭和54年	1979	己	未
昭和55年	1980	庚	申
昭和56年	1981	辛	酉
昭和57年	1982	壬	戌
昭和58年	1983	癸	亥
昭和59年	1984	甲	子
昭和60年	1985	乙	丑
昭和61年	1986	丙	寅
昭和62年	1987	丁	卯
昭和63年	1988	戊	辰
昭和64年 平成元年	1989	己	巳
平成 2年	1990	庚	午
平成 3年	1991	辛	未
平成 4年	1992	壬	申
平成 5年	1993	癸	酉
平成 6年	1994	甲	戌
平成 7年	1995	乙	亥
平成 8年	1996	丙	子
平成 9年	1997	丁	丑
平成10年	1998	戊	寅
平成11年	1999	己	卯
平成12年	2000	庚	辰
平成13年	2001	辛	巳
平成14年	2002	壬	午
平成15年	2003	癸	未
平成16年	2004	甲	申
平成17年	2005	乙	酉
平成18年	2006	丙	戌
平成19年	2007	丁	亥
平成20年	2008	戊	子
平成21年	2009	己	丑
平成22年	2010	庚	寅
平成23年	2011	辛	卯
平成24年	2012	壬	辰
平成25年	2013	癸	巳
平成26年	2014	甲	午
平成27年	2015	乙	未
平成28年	2016	丙	申
平成29年	2017	丁	酉
平成30年	2018	戊	戌
平成31年	2019	己	亥
平成32年	2020	庚	子
平成33年	2021	辛	丑

※この作品は一九八九年一一月に刊行されたものを新装版化しました。
著者の表現を尊重し、オリジナルのまま掲載しております。

カバー・表紙写真：©モーリー／PIXTA（ピクスタ）

［著者紹介］

安岡正篤（やすおか　まさひろ）

明治31年（1898）、大阪市生まれ。
大阪府立四條畷中学、第一高等学校を経て、
大正11年、東京帝国大学法学部政治学科卒業。
東洋政治哲学・人物学の権威。
既に二十代後半から陽明学者として
政財界、陸海軍関係者に広く知られ、
昭和2年に㈶金雞学院、同6年に日本農士学校を創立、
東洋思想の研究と後進の育成に従事。
戦後、昭和24年に師友会を設立、
政財界リーダーの啓発・教化につとめ
歴代首相より諮問を受く。58年12月逝去。

〈主要著書〉「支那思想及び人物講話」（大正10年）、

「王陽明研究」（同11）、「日本精神の研究」（同13）、

「東洋倫理概論」「東洋政治哲学」「童心残筆」

「漢詩読本」「経世瑣言」「世界の旅」「老荘思想」

「政治家と実践哲学」「新編百朝集」「易学入門」ほか。


〈講義・講演録〉「朝の論語」「活学1～3」「東洋思想十講」

「三国志と人間学」「運命を創る」「運命を開く」

「論語の活学」「人物を創る」「偉大なる対話」

「人間学のすすめ」「知命と立命」ほか。

［新装版《しんそうばん》］安岡正篤《やすおかまさひろ》　人間学講話《にんげんがくこうわ》

干支《かんし》の活学《かつがく》

二〇一五年八月一八日　第一刷発行
二〇二四年八月一四日　第二刷発行

著者　安岡正篤
発行者　鈴木勝彦
発行所　株式会社プレジデント社
〒一〇二-八六四一
東京都千代田区平河町二-一六-一
平河町森タワー一三階
https://www.president.co.jp/
https://presidentstore.jp/
電話　編集 〇三-三二三七-三七三二
販売 〇三-三二三七-三七三一

装丁　岡孝治
編集　桂木栄一
販売　高橋徹　川井田美景
制作　関結香
印刷・製本　中央精版印刷株式会社

落丁・乱丁本はおとりかえいたします。

ISBN 978-4-8334-2141-6 Printed in Japan